JN173036

電気回路と
伝送線路の基礎

Fundamentals of
Electric Circuits and Transmission Lines

阿部真之　土岐　博
Masayuki Abe　Hiroshi Toki

共著

丸善出版

はじめに

本書の目的

　本書の目的は，回路理論と伝送理論を電磁気学も含めて学問として体系化し，読者のみなさんが回路を電磁気学現象としてとらえること，つまり「電磁回路」とは何かを経験してもらうことにあります．著者である土岐と阿部は，伝送線に生じる電磁ノイズについて研究してきました．電気信号も電磁ノイズも担い手は電子と電磁場であり，マクスウェル方程式に従っているはずです．そこで，われわれのとったアプローチは，マクスウェル方程式と回路理論に矛盾なく，仮定を極力用いない方法で伝送線路理論と電磁場放射を含む回路理論を構築し，電磁ノイズの物理を解明するというものです．研究を進めていくときの議論の中で，われわれのアプローチを利用すれば電気回路と伝送線路理論をもっと合理的に学ぶことができると判断し，本書の執筆に至りました．

　この教科書の特徴は，いわゆる「知識を広く浅く学ぶ」のではなく，電気回路の概念を体系化してとらえることができるように工夫しているところです．近年，研究者だけでなく，エンジニアや学生，多くの産業にかかわる人々が利用する知識量がふくらんできています．そのような状況になると，どれくらいの知識を覚えているかということ以上に，さまざまな分野の知識をいかに使いこなすかが重要になっています．自らが直面する課題に対して，どのような技術が必要になってくるかをとらえることができる実力と，そのための体系的な学問知識が求められています．

　著者の一人である阿部は，大阪大学基礎工学部において回路理論の講義を担当しています．回路理論は電圧 (V) および電流 (I)，抵抗 (R)，電気容量 (C)，誘導係数 ($L(M)$) の時間 (t) 依存という，たったこれだけの（マクロな）変数で回路内部で起こっていることを記述できる，完成されたきわめて強力な理

論です．回路理論は素子や回路図を数学のモデルととらえて，さまざまな数学を駆使して電気回路の問題を解いていきます．回路理論は工学分野で必須な数学を学ぶという観点からも重要な科目です．一方，技巧的になりすぎ，電気回路を学ぶ本来の目的を忘れてしまいがちです．学部の学生諸君には，まず伝送線路も含めた回路の全体像をとらえてもらうことが重要であるというのが近年のわれわれの考えです．それぞれの詳しい内容に関しては，必要に応じて詳細を学べばよいのではないでしょうか．

また，電気回路は電子がその働きを担っているにもかかわらず，その基となる電磁気学との関係性を体系的に述べられている著書はないように思えます．電磁気学においては，静電場・静磁場から学びはじめ，マクスウェル方程式，ゲージ変換へと話が展開されていきます（さらに物理学科では相対性理論に講義内容が発展していきます）．ゲージ変換の後，電磁波輻射の話までいくと，電磁気学は一応終了という雰囲気になります．ここで終わってしまうと，マクスウェル方程式が電気回路のようなもっと身近な問題とどのようにかかわっているのかを理解することができません．本書では，マクスウェル方程式から伝送方程式を導きます．そのうえで，回路理論との接続を行い，新しい「電磁回路」の概念を展開します．

したがって，本書は他のこれまでの電気に関する教科書とは異なる構成となっています．具体的には以下のような特徴があります．

- 最新の研究によってシームレスに体系化した回路理論および伝送理論，電磁気学の重要な概念を合理的な方法で説明している
- 通常1年から1年半かかる内容を半年で体系的に理解できるようにしている
- 初歩の電気回路から複雑な伝送線回路に至る必要な知識を最も単純で合理的な方法で説明している
- 現象論的に導入されていた伝送方程式を，基礎理論であるマクスウェル方程式から単純な方法で導出している
- 近年の大学生のパソコン必携化にあわせて，回路の問題の解法を高度な数学を使うのではなく，数値計算で解く直感的なアルゴリズムで説明する
- ラプラス変換のような高度な数学を用いずに電気回路や伝送線の本質を理解できる

- 複雑な集中定数回路と多導体伝送線が混在するような問題も解くことが可能になる
- 数値計算のための Python プログラムを提供している

また，電気回路は基本的な学問ですので，企業等でも教育のための科目として重要視されています．本書は，企業等において電気回路を短期間に（再）勉強したいと考えている方にも適当な内容であると考えています．

パソコンの利用について

回路の問題を解くということは，常微分方程式や偏微分方程式を解くことです．本書では微分方程式を数値的方法で直接時間空間で解く方法をページを割いて説明しています．この方が直感的に回路の本質を理解できるという判断です．このことにより，学習時間を大幅に削減することができると考えています．数値計算のプログラムや結果のグラフを表示するプログラムは，近年非常に利用されてきているプログラミング言語である Python で記述し，それらをウェブで提供しています（パスワード: noise）．また，本書に関する追記も同様にウェブで行っています．詳細は丸善出版のウェブサイト（http://pub.maruzen.co.jp/）にアクセスしてください（サポートページもご覧ください）．プログラムは Python のライブラリを用いていますので簡単です．回路だけでなく，いろいろな分野に応用ができます．

大学では学生のパソコン必携化の流れが加速しており，パソコンを有効利用した新しい学習方法の開発が教員に求められています．かつてラプラス変換が電気回路や微分方程式を解くためのツールとして導入されたように，プログラミングによる数値計算を電気回路を解くためのツールとして位置づけています．学生諸君が本書で学習し，将来的に電気回路以外の微分方程式を取り扱うさまざまな問題にも応用できるようになれば，本書の目的が初めて達成されたといえるでしょう．

本書では過渡応答の問題を解くときにラプラス変換を扱わないことにしました．ラプラス変換は電気回路の時間変化（過渡応答）を知るための方法であり，フィルタの伝達関数や制御理論でも利用される重要な数学です．しかし，直感的に理解できるものではなく，使っていくうちに慣れて，なんとなく理解したような状態になります．簡単な回路図を解く場合でも，実は取り扱いが難しいことが多く，答えを得るまでに時間を費やさなければなりません．阿部は自身

の回路理論の講義においてラプラス変換を用いた回路の解法に時間をかけて講義しており，機会があればどこかで教科書にしたいと考えています．さらに過渡応答を詳細に学ぶ必要がある方は回路理論（例えば，文献 [2, 4, 6, 8]）を学んでいただければと思います．

本書の構成

通常の大学のカリキュラムでは回路理論と伝送理論を詳細に学ぶと，1 年から 1 年半かかりますが，本書は半年（講義 15 回分）で，これらの本質を習得できるような構成になっています．対象としては，工学部の 1〜3 年生と理学部の 3〜4 年生を想定しています．以下に各章の構成を示します（括弧内の数字は，想定している講義回数です）．

第 1 章　集中定数回路の基本素子と基本方程式（2 回）
集中定数回路の考え方を説明し，回路理論で用いられる数学モデルについて説明します．節点電圧，閉路電流を定義し，基本方程式であるキルヒホッフの電圧則（KVL）および電流則（KCL），素子の電圧-電流特性を説明します．これらの基本方程式から常微分方程式が導かれることを示し，集中定数回路の問題は常微分方程式を解くことであると認識してもらいます．素子電圧および電流から瞬時電力とエネルギーを定義します．

第 2 章　微分方程式を用いた回路問題の解法（1 回）
集中定数回路において解くべき常微分方程式の解き方を学びます．常微分方程式で求められる一般解と特殊解が，交流定常状態や過渡応答とどのような関係があるのかを説明します．回路の問題で考慮すべき初期条件（第一種初期条件と第二種初期条件）について解説します．

第 3 章　交流定常状態と複素インピーダンス（1 回）
回路内の電源が単一の周波数の場合，つまり交流定常状態であれば，微分方程式を用いなくても問題を解けます．複素インピーダンスの考え方について説明します．さらに交流定常状態における素子のエネルギーについても述べます．

第 4 章　電気回路の定理と基本回路（1 回）
電気回路にはさまざまな定理や重要な回路があります．本章では特に重要な重ね合せの原理，テブナンの定理，ノートンの定理を学びます．

第 5 章　行列を用いた回路表現（1 回）

集中定数回路では，素子どうしがどのようなつながりをしているかが重要となってきます．素子のつながりを示す接続行列を示し，接続行列を用いて KVL と KCL を表現します．さらに素子特性も行列で表現し，これらから連立方程式を導出します．

第 6 章　集中定数回路の数値計算法（1 回）

接続行列で表現された連立微分方程式を数値的に解く方法を解説します．この方法を用いると，単純な回路から複雑な回路まで系統的に電気回路の時間応答を知ることができます．

第 7 章　電位と電流の基礎であるマクスウェル方程式（2 回）

電気回路は電子（電荷）や電磁場のふるまいであるため，本来は電磁気学の現象としてとらえるべきです．電磁気学の基本方程式であるマクスウェル方程式から，電気回路の電圧や電流という概念がどのように出てくるのかを説明します．電荷がつくる電場や電流がつくる磁場が簡単な数学で表現できることを理解します．

第 8 章　マクスウェル方程式から導出した伝送線路理論（1 回）

分布定数回路は複数の伝送線路を電気信号が伝搬するシステムです．電線内の電荷の運動とそれによる電磁場の伝搬により電気信号が電線を伝わります．マクスウェル方程式に従ってどのようにして伝送線路方程式が導出できるかを説明します．

第 9 章　伝送線路理論における電位係数と誘導係数（1 回）

伝送線路の計算で重要な特性インピーダンスのもとになっている，電位係数と誘導係数の導出方法について学びます．これらの計算において重要なのは幾何学的平均距離という概念です．

第 10 章　伝送線路の数値計算法（2 回）

分布定数回路を含む電気回路は時間と長さを含む偏微分方程式になります．伝送線路方程式を数値的に解くためのアルゴリズムをやさしく説明し，さらにこの微分方程式の境界条件となる集中定数回路との結合について説明します．

第 11 章　伝送線路でのコモンモードと電磁ノイズ（2 回）

電気回路の設計と製作で一番困るのは電磁ノイズの存在です．電磁ノイズを理解するためにコモンモードとノーマルモードの考え方について学びます．電磁ノイズを抑制するための原理を紹介し，数値計算のためのアルゴリズムを説明します．自らで数値計算することで，ノイズを含む電気回路のふるまいを把握することを目指します．

謝　　辞

　本書は理論物理を専門とする土岐と，電気・電子工学を専門とする阿部のコラボレーションによって生まれました．このコラボレーションを実現したのは，大阪大学産学共創本部で進めている異分野融合によるところが大きく，これまでご支援いただいた永妻忠夫先生（基礎工学研究科教授，産学共創本部共創人材育成部門長）および兼松泰男先生（産学共創本部教授）に感謝申し上げます．

　2017 年 9 月

阿部真之，土岐　博

単　　　位

量/物理量	単　位	単位記号
電流	アンペア	$A = C/s$
電荷	クーロン	C
エネルギー	ジュール	J
時間	秒	s
電圧	ボルト	V
瞬時電力	ワット	$W = J/s$

定　数　等

量/物理量	数　値	単　位
虚数単位	$j^2 = -1$	
光の速度	$c = 3 \times 10^8$ [m/s]	メートル/秒
真空の誘電率	$\varepsilon = 8.854187817 \times 10^{-12}$ [F/m]	ファラッド/メートル
真空の透磁率	$\mu = 4\pi \times 10^{-7}$ [H/m]	ヘンリー/メートル

目　　次

第1章

集中定数回路の基本素子と基本方程式

本章では集中定数回路の基本事項について述べます．どの学問も基本方程式が存在しますが，回路理論の場合，キルヒホッフの電圧則と電流則，それと素子の電圧と電流の関係式である素子特性がそれにあたります．これらの方程式から解くべき方程式が常微分方程式になることを示します．

1.1 電気回路で取り扱う問題

理論には適用範囲がある

どのような学問でもそうですが，理論的に適用できる範囲というものを理解しておく必要があります．例えば，原子内部の構造や性質を理解するには，高校や大学の1年生で学ぶいわゆる力学では無理で，量子力学が必要になってきます．量子力学では力学で取り扱わないプランク定数 ($h = 6.626070040 \times 10^{-34}$[Js])を用いますが，これはまさに量子力学が原子のように非常に小さいものを取り扱っていることを示しています．同様に，電気回路においても状況によって用いるモデルが異なり，使用する数学も異なってきます．あるモデルを用いて回路の問題を解いたとしても，そのモデルが現実世界とかけ離れているならば，それは意味がありません．したがって，電気回路においても利用する理論の適用範囲をよく考える必要があります．量子力学を使う原子の世界は，われわれが

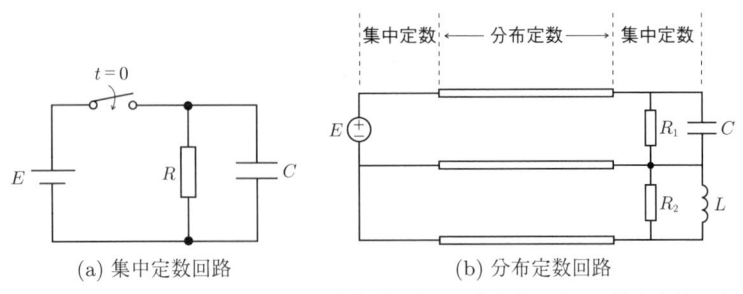

図 1.1 (a) 集中定数回路と (b) 分布定数回路．分布定数回路では集中定数回路を接続して考えることもあります．

直感的に認識できるスケールより非常に小さいため，「原子 → 量子力学」と考えることができます．しかし，電気回路は人間が普段から利用しているスケールであっても周波数が違えば，利用する理論が異なります．この方がむしろ厄介かもしれません．

集中定数回路と分布定数回路

第一に，空間の広がりを考慮するのかしないのかを考えなければなりません．導線内部を伝わる電気信号は一瞬で伝わるのではなく，光速 $(3.0 \times 10^8 [\mathrm{m/s}])$ 程度の速さで伝わります（周辺の誘電率や透磁率によって異なってきます）．通常，電圧や電流値は空間の位置 $\vec{r}(x, y, z)$ と時間 t に依存します．つまり数式で（厳密に）表すならば $v(\vec{r}, t)$ や $i(\vec{r}, t)$ のようになります．これは物理学の基本である電磁気学から考えるとごく当たり前のことです．回路内部の電圧や電流を場所と時間の関数として考える場合，その回路を**分布定数回路**とよびます（図 1.1(b)）．

一方，信号の伝搬速度はかなり高速ですので，一瞬，つまり無限大の速度で信号が伝わると考えてよい場合が多くあります．言い換えれば，考えている回路には空間の広がりがないという近似であり，電圧や電流の時間変化だけを考えればよくなります．数式で表すならば $v(t)$ や $i(t)$ のようになり，一挙に変数が少なくなります．このような回路を**集中定数回路**といいます（図 1.1(a)）．当然，変数が少ない集中定数回路の方が問題を解くのが簡単になります．集中定数回路は常微分方程式，分布定数回路は偏微分方程式を解かなくてはなりませ

表 **1.1** 集中定数回路と分布定数回路の違い.

	空間の広がり	信号の伝搬速度	独立変数	方程式
集中定数回路	なし	一瞬	時間	常微分方程式
分布定数回路	あり	有限の値	時間および空間	偏微分方程式

ん．集中定数回路と分布定数回路の違いを比較したものを表 1.1 に示します．

分布定数回路が必要なときは？

できることならば変数が t だけの集中定数回路として問題を解くことで済ませたいのですが，分布定数回路として考える必要があるのはどのような状況でしょうか．本来はこの問題は準静的近似が成り立つかどうかという議論で，例えば文献 [3] に詳しく述べられています．簡単にいえば，「周波数の大きさ」と「空間の大きさ」から判断します．

仮に，長さが $\ell = 1[\mathrm{m}]$ の導線（伝送線路）に電圧を印加する場合を考えてみます．$x = 0$ の位置から $x = \ell$ に向かって信号が伝搬するとします．本来，回路には素子がつながっていますが，ここでは信号の伝搬だけを考えるので，素子は省略しています．信号が伝わる速度は $v = 3.0 \times 10^8[\mathrm{m/s}]$ としておきます．周波数 $f = 100[\mathrm{kHz}]$ と $f = 100[\mathrm{MHz}]$ の正弦波電圧が伝搬する場合を考えてみます．波長（$\lambda = v/f$）はそれぞれ，3000[m] と 3[m] になります．これらの波長の正弦波が $\ell = 1[\mathrm{m}]$ の伝送線路でどのように分布しているのか（つまり電圧の場所依存性）は，ある時間では図 1.2 のようになります．100[kHz] の周波数では値がほとんど同じです．このような場合は，伝送線路の長さは無視できるので，集中定数回路として扱っても問題ありません．一方，100[MHz] の場合は明らかに伝送線路内で電圧の値が異なっています．このような場合は，空間の広がりを考慮しないといけないので，分布定数回路として問題を解くべきでしょう．一方，100[kHz] の信号でも長さが 1000[m] の伝送線路を伝わる場合は分布定数回路として考えるべきです．100[MHz] であっても 1[cm] くらいの長さを伝搬する場合は集中定数回路として扱ってもよいでしょう．

交流定常状態と過渡応答

現実の回路（もしくは回路が入っている機器）にはスイッチがあり，スイッ

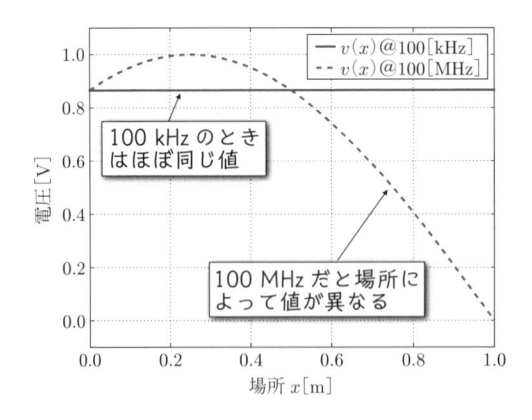

図 **1.2**　ある時間における，長さ 1[m] の伝送線路を伝搬する周波数 100[kHz] と 100[MHz] の正弦波電圧の場所依存性．伝送線路端点における信号の反射の効果は含まれていません．

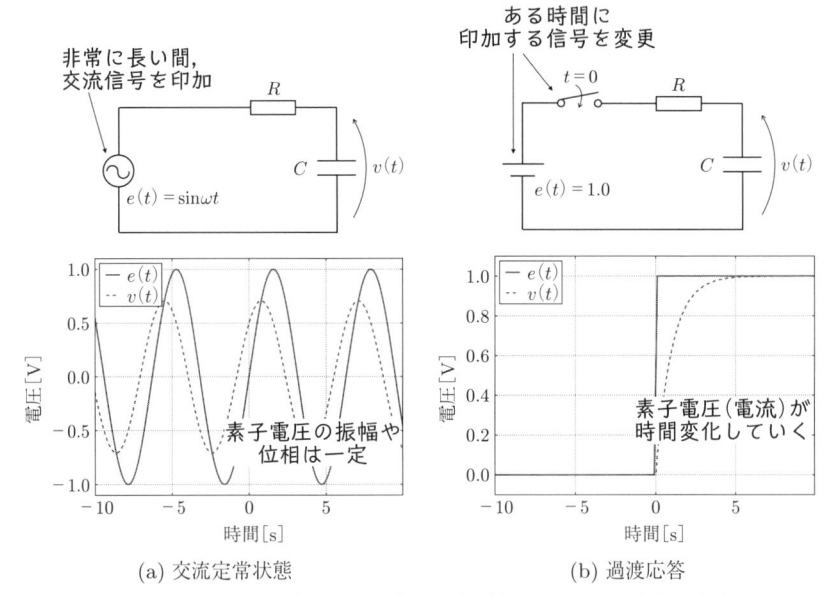

(a) 交流定常状態　　　　　　　　(b) 過渡応答

図 **1.3**　電気回路では交流定常状態と過渡応答に分けて問題を考えます．

チを閉じてから，回路の動作が安定化する（定常状態）まで少し時間を必要とします（具体的な時間は機器に依存します）．図 1.3(a) のように，交流電源から単一周波数の信号を印加するような問題を解く場合，通常スイッチを入れて十分時間が経った**交流定常状態**を考えます．交流定常状態で知りたいのは，素

子電圧や電流の振幅や電源との位相差です．交流定常状態では素子の電圧や電流は時間変化をしていますが，振幅や位相差は一定になっています．

　一方，回路に信号を印加した（もしくは印加するのをやめた）瞬間からしばらくの間の素子の電圧や電流の時間変化である**過渡応答**を求めたい場合があります（図1.3(b)）．電気回路ではおもにこれらのどちらかを取り扱います．

1.2　電気回路で必要な数学

オイラーの式：正弦波を指数関数で表す

　オイラーの式は，理工系の学問における重要な数学の公式の一つで，三角関数と指数関数の関係を示したものです．電気回路だけでなく，電磁気学や量子力学，制御工学など，さまざまな分野で使われており，覚えてもらわなければなりません．オイラーの式を以下に示します[*1]．

> ── **オイラーの式** ──
>
> $$e^{j\theta} = \cos\theta + j\sin\theta \tag{1.1}$$

　ここでjは虚数単位で$j^2 = -1$となります．数学では虚数単位をiで表しますが，電気回路では電流でiを用いるので，jを虚数単位とするのが一般的です（もっともjも電流で用いることがあるのですが）．

複　　素　　数

　実数aとb，ならびに虚数単位jを用いて以下のように表現される数Cを**複素数**といいます．

$$C = a + jb \tag{1.2}$$

aをCの**実部**，bを**虚部**といい，

$$a = \mathrm{Re}[C], \qquad b = \mathrm{Im}[C] \tag{1.3}$$

[*1] オイラーの式の証明はいくつかあるのですがここでは省略します．

で表します．Re および Im はそれぞれ複素数の実部と虚部をとるための数学記号です．

C の虚数単位 j を $-j$ で置き換えたものを C^* として表します．

$$C^* = a - jb, \qquad \mathrm{Re}[C^*] = a, \qquad \mathrm{Im}[C^*] = -b \tag{1.4}$$

C^* を C の**複素共役**といいます．もちろんその逆である，C を C^* の複素共役ということもできます．

複素数の四則演算は文字式での場合と同じで，それぞれの成分の足し算や引き算です．ただし，$j^2 = -1$ を用いていることに注意してください．$C_1 = a + jb$，$C_2 = c + jd$ としたときに，足し算や引き算は次のようになります．

$$
\begin{aligned}
C_1 \pm C_2 &= a \pm c + j(c \pm d) \\
C_1 \times C_2 &= ac - bd + j(ad + bc) \\
\frac{C_1}{C_2} &= \frac{a + jb}{c + jd}
\end{aligned}
\tag{1.5}
$$

複素数の割り算では，分母に虚数単位が現れます．それでも問題ないのですが，一般的に複素数は $a + jb$ のような形で表すので，分母の虚数を取り除くことがよい場合があります．これを分母の**実数化**といいます．具体的な分母の実数化の方法は，分母にある複素数の複素共役を分母と分子に掛けることで行います．

$$\frac{a + jb}{c + jd} = \frac{(a + jb)(c - jd)}{(c + jd)(c - jd)} = \frac{ac + bd + j(-ad + bc)}{c^2 + d^2} \tag{1.6}$$

複 素 平 面

複素数を 2 次元平面を用いて表すと理解しやすい場合があります．図 1.4 のように，複素数の実部を横軸（Re，実軸）にとり，虚部を縦軸（Im，虚軸）にとることで，複素数 C を 2 次元平面の点としてとらえる方法です．このような平面を**複素平面**といいます．原点と C との距離を r（**絶対値**），実軸との角を θ（**偏角**）とするとそれぞれ a と b を用いて以下の通りに表現できます．

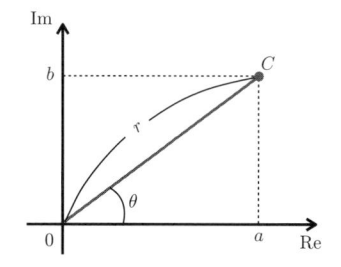

図 1.4 複素平面を用いた複素数の表現方法. $r(=\sqrt{a^2+b^2})$ を複素数の絶対値, $\theta(=\tan^{-1}(b/a))$ を偏角といいます.

$$\text{絶対値}: |C| = r = \sqrt{a^2+b^2}, \quad \text{偏角}: \angle C = \theta = \tan^{-1}\frac{b}{a} \qquad (1.7)$$

複素数とオイラーの公式

オイラーの式（式 (1.1)）と図 1.4 の関係から，複素数 C は以下のように絶対値と偏角を用いて書き換えることもできます．

$$C = a + jb = \sqrt{a^2+b^2}\left(\frac{a}{\sqrt{a^2+b^2}} + j\frac{b}{\sqrt{a^2+b^2}}\right)$$

$$= r(\cos\theta + j\sin\theta) = re^{j\theta} \qquad (1.8)$$

また，$C^* = re^{-j\theta}$ となります．e は自然対数の底 $(= 2.71828\cdots\cdots)$ です．

問 1.1 以下の複素数を自然対数の底 e を用いて表してください．例のように解答してください．

(例) $\frac{\sqrt{2}}{2}(1-j) \;\rightarrow\; e^{-j(1/4)\pi}$

1. -1
2. j
3. $\sqrt{3}+j$
4. $1-j$
5. $1/(1-j)$

回路でよく使う複素数の計算例

$C_1 = a + jb$ および $C_2 = c + jd$ の場合，$|C_1/C_2|$ および $\angle(C_1/C_2)$ を求めてみます．式 (1.8) を用いて

$$\frac{C_1}{C_2} = \frac{r_1}{r_2} e^{j(\theta_1 - \theta_2)} \tag{1.9}$$

となります．ここから C_1/C_2 は絶対値 r_1/r_2，偏角 $\theta_1 - \theta_2$ の複素数であることがわかります．このことより，以下の式を導くことができます．

$$\left| \frac{C_1}{C_2} \right| = \frac{r_1}{r_2} = \frac{|C_1|}{|C_2|}$$

$$\angle\left(\frac{C_1}{C_2} \right) = \tan^{-1}\left(\frac{b}{a} \right) - \tan^{-1}\left(\frac{d}{c} \right) \tag{1.10}$$

つまり，分母を実数化せずとも，分母と分子でそれぞれで絶対値と偏角を求めればよいことがわかります．回路の問題を計算していくと，分母に複素数が現れる場合が多く，これらの計算方法は有用です．

問 1.2　$C_1 = 1 - j$ および $C_2 = 2\sqrt{3} + 2j$ のとき，$|C_1/C_2|$ および $\angle(C_1/C_2)$ を求めてください（ヒント：式 (1.10) を用いることで分母と分子それぞれを計算すれば式変形が複雑になりません）．

問 1.3　$C_1 = 1 - j$ のとき，$|C_1^4|$ および $\angle C_1^4$ を求めてください．

回路における複素数の取扱い

オイラーの式や複素数は交流回路で用いられます．式 (1.1) において，$\theta \to -\theta$ と置き直すと，$e^{-j\theta} = \cos\theta - j\sin\theta$ となり，式 (1.1) と連立させると，以下の式が得られます．

$$\cos\theta = \frac{e^{j\theta} + e^{-j\theta}}{2}, \quad \sin\theta = \frac{e^{j\theta} - e^{-j\theta}}{2j} \tag{1.11}$$

ここからわかるように，正弦波（や余弦波）は指数関数を用いて表現できることがわかります．$\theta \to \omega t$ と置き直すと，角周波数 ω の正弦（もしくは余弦）の振動を指数関数で表すことになります．ここでのポイントは虚数単位 j です．j があることで**指数関数が振動を表す**ことを意味します．

後述する通り，回路の問題を解く方程式は微分方程式になります．$\sin$ の微分は $\cos$，$\cos$ の微分は $-\sin$ ですので，微分方程式の計算では $\sin$ と $\cos$ が混在してしまいます．これを指数関数で置き換えれば，微分をしても指数関数のままですので，計算が楽になります．具体的な方法に関しては第 2 章で説明しますが，以下のような流れで問題を解いていきます．

── 交流定常状態における三角関数の置換え ──

独立電源が三角関数で与えられたら，

$$e(t) = E_0 \cos \omega t \ \text{もしくは} \ e(t) = E_0 \sin \omega t \ \to \ E_0 e^{j\omega t} \tag{1.12}$$

と置き換えると計算が簡単になる．計算して得られた解には $e^{j\omega t}$ が含まれているので，それをもとの三角関数に戻すと，それが求めたい解となる．

$\sin$ 関数や $\cos$ 関数で表す値を**瞬時値**とよびますが，$e^{j\omega t}$ と表すことを**瞬時値の複素数表示**とよぶことにします．

ヘビサイド関数

回路の問題では，急激に電圧を変化させたり，スイッチをオン/オフする場合があり，それらを時間の関数として表さなければなりません．そのような関数として，

$$h(t) = \begin{cases} 0 \ (t < 0) \\ \dfrac{1}{2} \ (t = 0) \\ 1 \ (t > 0) \end{cases} \tag{1.13}$$

のような変化をする（図 1.5）ヘビサイド関数を用います．

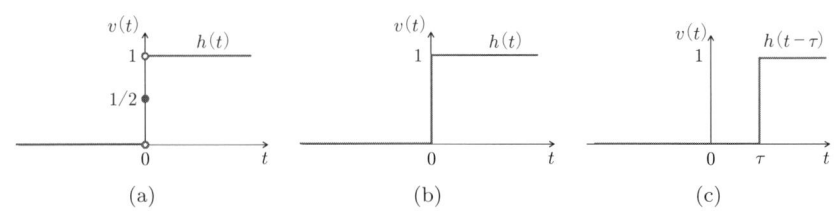

図 1.5　ヘビサイド関数 $h(t)$. (a) は式 (1.13) の定義を表現したもの. (b) 本書ではこのように表すことにします. (c) は時間 τ だけずらした場合です.

問 1.4　図 1.6 に示す矩形波 $f(t)$ をヘビサイド関数を用いて表してください.

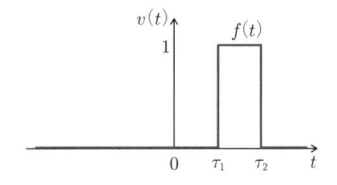

図 1.6　問 1.4 の矩形波 (パルス).

デ ル タ 関 数

　スイッチをオン/オフするときや電源プラグをコンセントに入れるときに, 瞬間的に火花が出るときがあります. これをなんとか数式で表すことができるでしょうか. イメージとしては, ある一瞬の時間だけ非常に大きい値を示す関数です. このような関数として, 図 1.7 に示す**デルタ関数**があります. 厳密にはデルタ関数は数学の関数とは異なり**超関数**といわれ, 以下の式で定義されます.

$$\int_{-\infty}^{\infty} f(t)\delta(t) = f(0) \tag{1.14}$$

特に $f(t) = 1$ のとき,

$$\int_{-\infty}^{\infty} \delta(t) = 1 \tag{1.15}$$

つまりデルタ関数の積分は 1 になります. デルタ関数を実際にグラフ化することは難しいので, 別の関数を用いて表現する場合があります (近似表現). シ

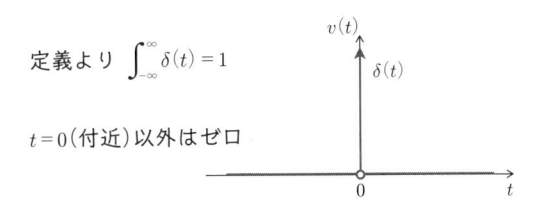

定義より $\int_{-\infty}^{\infty} \delta(t) = 1$

$t = 0$(付近)以外はゼロ

図 1.7 （定義とは違いますが）デルタ関数 $\delta(t)$ は $t = 0$ 以外ではゼロ，$t = 0$ では無限大となるようなイメージをもってよいかと思います．

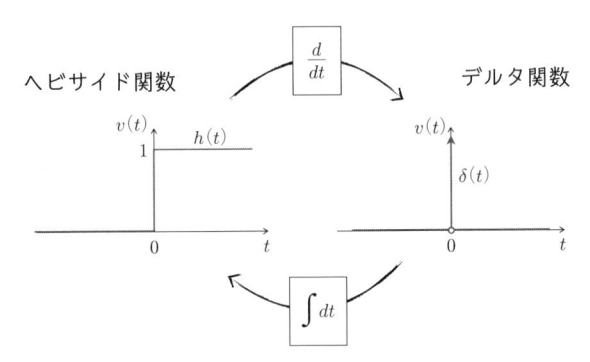

図 1.8 ヘビサイド関数とデルタ関数は微分・積分の関係です．

ミュレーションでは矩形パルスを用いる場合があります．電気回路の問題を解析的に解くときに近似表現を使うことはあまりありません．

ヘビサイド関数とデルタ関数は微分・積分の関係

ヘビサイド関数とデルタ関数は微分・積分の関係にあります（図 1.8）．つまり，

$$\frac{dh(t)}{dt} = \delta(t), \quad \text{もしくは} \quad h(t) = \int_{-\infty}^{t} \delta(\tau)d\tau \tag{1.16}$$

が成り立ちます．これを示すために（厳密さに欠けるかもしれませんが），図 1.6 に示す $f(t)$ を用います．$\tau_1 \to 0$，$\tau_2 \to \varepsilon$ とし，$f(t)$ に $1/\varepsilon$ を掛けた関数

$$\frac{h(t+\varepsilon) - h(t)}{\varepsilon} \tag{1.17}$$

を積分した値（面積）は $\varepsilon \times (1/\varepsilon) = 1$ になります．ε が小さくなると，矩形波が原点に近づいていくとともに，デルタ関数的になっていくことがわかります．一方，ε が小さくなるということは，

$$\lim_{\varepsilon \to 0} \frac{h(t+\varepsilon) - h(t)}{\varepsilon} \tag{1.18}$$

を意味しますが，これは $h(t)$ の微分にほかなりません．つまり式 (1.16) が成り立ちます．

1.3　2 端 子 素 子

線形時不変：あれこれ考えない

　本節からは電気回路で用いられる素子について説明していきますが，実際の素子ではこれから説明する特性が得られない場合があります．具体的には，印加電圧，印加電流，温度，経時変化などのさまざまな要因によって，特性が変化してしまうことがあります．ただ，本書（他の多くの教科書と同様に）で取り扱う素子では，素子の特性が一定として進めていきます．このような素子特性を**線形時不変**といいます．

2 端子素子と電圧・電流

　電気回路ではさまざまな素子を使うのですが，図 1.9 に電気回路で用いられる 2 端子素子を示しています．素子 Z からは線と端子が出ており，素子の接続は端子どうしをつなぐことで行います．ここで，端子から出ている線は，いわゆる導線ではなく，素子どうしを接続していることを表します．実際の導線ではインダクタンスやキャパシタの成分が表れますが，それは考えません（そう

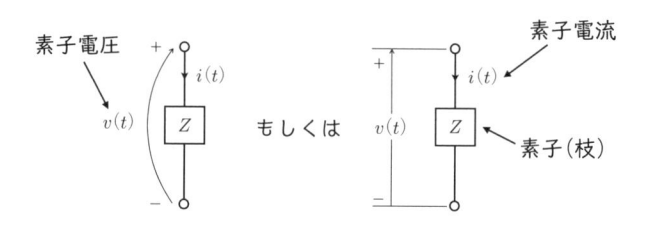

ポイント：
・電圧は高い方を矢印の始点とする
・電流は電圧が高い方から流れる

図 1.9　2 端子素子の素子電圧 $v(t)$ と素子電流 $i(t)$ の関係を示した図．電圧と電流を示す矢印の向きが逆になります．

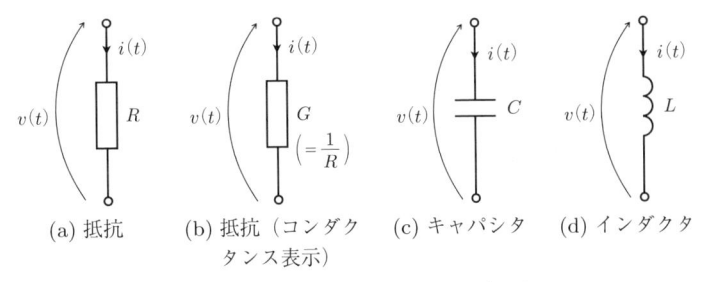

図 1.10 集中定数回路で用いられる受動素子.

しないとかなり議論が複雑になってきます).

　素子にかかる電圧と素子に流れる電流を，それぞれ**素子電圧**（$v(t)$，単位は
ボルト，記号は [V]）と**素子電流**（$i(t)$，単位はアンペア，記号は [A] = [C/s]）
といいます．また素子を**枝**という場合があり，素子電流のことを枝電流，素子
電圧のことを枝電圧という場合もあります．素子電圧の高い低いを示すために，
+ や − の記号，もしくは矢印を用います．+ もしくは矢印の終点を電圧が高い
側であるとします．電流は電圧が高い方から低い方に流れると定義します．

　図 1.10 に集中定数回路で用いられる受動素子を示します．受動素子とは，素
子の中で自ら信号の増幅や整流といった能動的な動作を行わない素子のことを
いいます．受動素子は供給された電力を消費・蓄積・放出します．受動素子に
は抵抗およびキャパシタ，インダクタがあり，それぞれの電圧–電流特性が異な
ります．

抵　　　抗

　図 1.10(a) に示す抵抗 R（単位 [Ω]，オームと読む）にかかる素子電圧 $v(t)$ と
流れる電流 $i(t)$ には以下のように比例関係があります．$G(=1/R)$（図 1.10(b)）
はコンダクタンスであり，単位はジーメンス [S] です．

抵抗の電圧–電流特性

$$v(t) = Ri(t), \quad \text{もしくは } i(t) = Gv(t) \quad (G = 1/R) \tag{1.19}$$

抵抗は文字通り電流の「流れにくさ」を表しています．高い抵抗値の抵抗に多

くの電流を流すには，高い電圧を印加しなければなりません．式の通り，この関係は電圧や電流が時間変化していても成り立ちます．電圧や電流の波形は，R や G が係数としてかかるだけで変化しません．

キャパシタ

キャパシタ（図 1.10(c)）は電気的なエネルギーを電荷として蓄える素子のことをいいます．通常はコンデンサのことをいいます．キャパシタの素子電圧 $v(t)$ とキャパシタに蓄えられている電荷 $q(t)$（単位はクーロン [C]）には，

$$q(t) = Cv(t) \tag{1.20}$$

の関係があります．C は比例定数でキャパシタンスといいます．単位はファラッド [F] です．素子電流は電荷の微分，

$$i(t) = \frac{dq(t)}{dt} \tag{1.21}$$

であることから，キャパシタの電圧–電流特性は以下の式で表されます．

> **キャパシタの電圧–電流特性**
>
> $$i(t) = C\frac{dv(t)}{dt}, \quad \text{もしくは}$$
> $$v(t) = \frac{1}{C}\int_{-\infty}^{t} i(\tau)d\tau, \; v(-\infty) = 0 \tag{1.22}$$

このようにキャパシタンスでは素子電圧と素子電流の間には微分（もしくは積分）の関係があるため，信号波形は異なります．また，キャパシタンスの逆数を電位係数といい，$P = 1/C$ として表現する場合もあります．

キャパシタの電圧–電流特性

キャパシタにおいて，印加する電圧が正弦波（$v(t) = V_m \sin\omega t$）のとき，キャパシタに流れる電流を求めてみます．$v(t)$ を式 (1.22) に代入してみます．

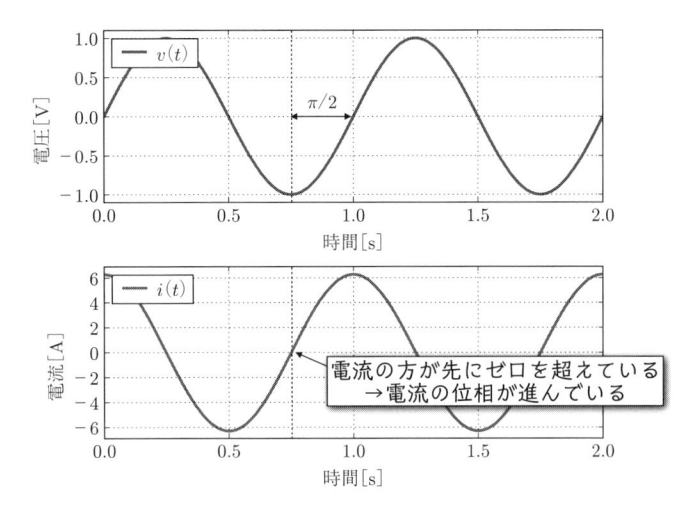

図 1.11 正弦波電圧 $v(t) = V_m \sin(\omega t)$ を印加したときのキャパシタの素子電圧（上）と素子電流（下）の時間変化．$V_m = 1[\mathrm{V}]$，$C = 1[\mathrm{F}]$，$\omega/(2\pi) = 1[\mathrm{Hz}]$ としています．

$$i(t) = C\frac{dv(t)}{dt} = \omega C V_m \cos \omega t = \omega C V_m \sin \left(\omega t + \frac{\pi}{2} \right) \tag{1.23}$$

このように，キャパシタの素子電圧と素子電流には $\pi/2$ の位相差があります．$v(t)$ と $i(t)$ をグラフにしたものを図 1.11 に示します．波形を見比べると，電流の方が時間的に先に変化し始めていることがわかります．例えば，負の値からゼロを超えて正となるのは，$i(t)$ の方が早いことがわかります．この場合，「電流の位相が $\pi/2$ 進んでいる」もしくは「電圧の位相が $\pi/2$ 遅れている」と表現します．

　次に，式 (1.12) に従い $v(t) = V_m \sin \omega t \to V_m e^{j\omega t}$ と置き換えてキャパシタの電圧–電流特性を計算します．

$$i(t) = C\frac{d}{dt}(e^{j\omega t}) = j\omega C V_m e^{j\omega t} = e^{j\pi/2}\omega C V_m e^{j\omega t} = \omega C V_m e^{j(\omega t + \pi/2)}$$
$$\to \omega C V_m \sin \left(\omega t + \frac{\pi}{2} \right) \tag{1.24}$$

sin 関数から指数関数に置き換えていたので，計算後に $e \to \sin$ に戻しました（つまり虚部をとったもの）．もちろん，結果は同じものが得られています．

問 1.5 ヘビサイド関数型の電圧をキャパシタに印加した場合の電流を求めてください．また，電圧と電流の時間変化をプログラミングでグラフ化してください．

インダクタ

インダクタ（図 1.10(d)）は電気的なエネルギーを磁場として蓄える素子のことです．導線を巻いてコイル状したものが用いられます．流れる電流 $i(t)$ と鎖交磁束 $\Phi(t)$（単位はウェーバー [Wb]）の間には以下の関係があります．

$$\Phi(t) = Li(t) \tag{1.25}$$

ここで L はインダクタンスといい，単位はヘンリー [H] です．ファラデーの法則より $v(t) = \frac{d\Phi(t)}{dt}$ なので，以下に示すインダクタの電圧–電流特性が得られます．

インダクタの電圧–電流特性

$$v(t) = L\frac{di(t)}{dt}, \quad \text{もしくは} \quad i(t) = \frac{1}{L}\int_{-\infty}^{t} v(\tau)d\tau, \; i(-\infty) = 0 \quad (1.26)$$

問 1.6 インダクタに流れる素子電流が $i(t) = I_m \sin\omega t$ であったとします．このときの素子電圧を計算し，素子電圧と素子電流の時間変化をプログラミングでグラフ化してください（ヒント：図 1.11 の結果を参照してください）．

独 立 電 圧 源

独立電圧源（単に電圧源という場合もあります）は，設定した電圧値を保つ素子です．どのような素子や回路を接続しても，あらかじめ設定しておいた電圧値を保つように出力電流を調整します．交流電圧源は電圧値が周期的に正弦波で変化します．図 1.12 に電気回路で用いられている独立電圧源を示します．

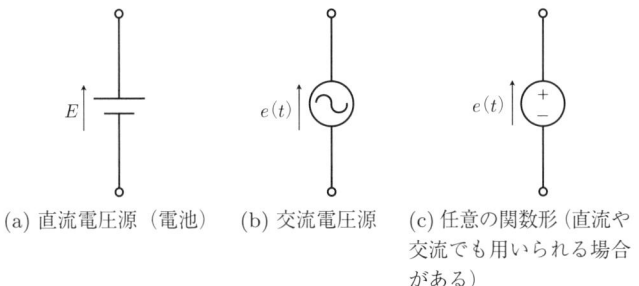

(a) 直流電圧源（電池）　　(b) 交流電圧源　　(c) 任意の関数形（直流や
交流でも用いられる場合
がある）

図 1.12　独立電圧源の記号. (a) 直流電圧源（電池）や (b) 交流電圧源, (c) 直流や交流に関係なく使われる電圧源の記号があります.

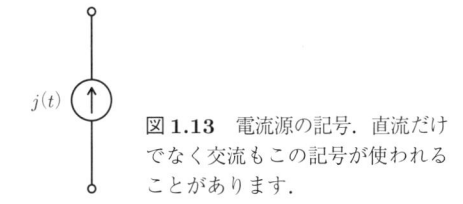

図 1.13　電流源の記号. 直流だけでなく交流もこの記号が使われることがあります.

独 立 電 流 源

　独立電流源（単に電流源という場合もあります）は, 独立電圧源とは逆に, 設定した電流値を保つ素子です. どのような素子や回路を接続してもあらかじめ設定しておいた電流値を保つように電圧値を調整します. 交流電流源は電圧値が周期的に正弦波で変化します. 図 1.13 に電気回路で用いられている独立電流源を示します.

ス イ ッ チ

　スイッチは回路の接続を切る（「オフにする」,「開く」,「オープンにする」ともいいます）, もしくはつなげる（「オンにする」,「閉じる」,「クローズする」ともいいます）ときに用います. 図 1.14(a) は**開スイッチ**で, 時刻 $t = a$ にスイッチを開く, つまり接続を切るために用いられます. 一方, 図 1.14(b) は**閉スイッチ**で, 時刻 $t = a$ にスイッチを閉じる, つまり短絡させるために用いられます.

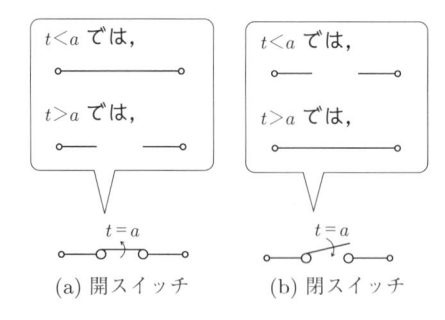

図 **1.14** (a) 開スイッチ と (b) 閉スイッチ. この 図では時刻 $t = a$ にお いてスイッチを切り替え ます.

1.4 素子の接続と基準

素子を接続する節点

　電気回路はいくつかの素子から構成されています. 素子どうしは端子で接続 し, 複数の素子をつなぐことができます. 素子が接続されている端子を**節点**と いいます. 図 1.15 に節点の例を示します. 2 つもしくは 3 つの端子を接続する 場合, (a) や (b) のように素子をそのまま接続した点が節点になります. 3 つ以 上の端子を接続する場合, (c) および (d) のように接続していることを表すため に節点を黒丸（白丸のときもあります）で示します. もし (e) のように線が交 差している場合は, 4 つの素子が接続されているのではなく, 重なっているだ けとみなします（つまり節点ではありません）.

　ある節点に複数の素子が接続されている場合, 図 1.16 左のように見やすさを 重視して回路図を描くこともあります. この場合, 黒丸は節点でなく接続を表 している状態です. この回路図を 1 つの節点から素子が出ているように描くと 図 1.16 右のようになります.

基準節点と節点電位

　素子電圧の単位はボルト（[V]）ですが, これは MKS 単位系では [J/C]（1 クーロンの電荷を運ぶときに必要なエネルギー）であり, 物理学でいう「ポテ ンシャル」や「電位」という量に相当します. 高校物理で習ったかと思います が, ポテンシャルは位置の関数です. ポテンシャルといえば, 「ポテンシャルの ゼロ点は任意の位置にとることができる」とか「通常は, 無限遠をポテンシャ

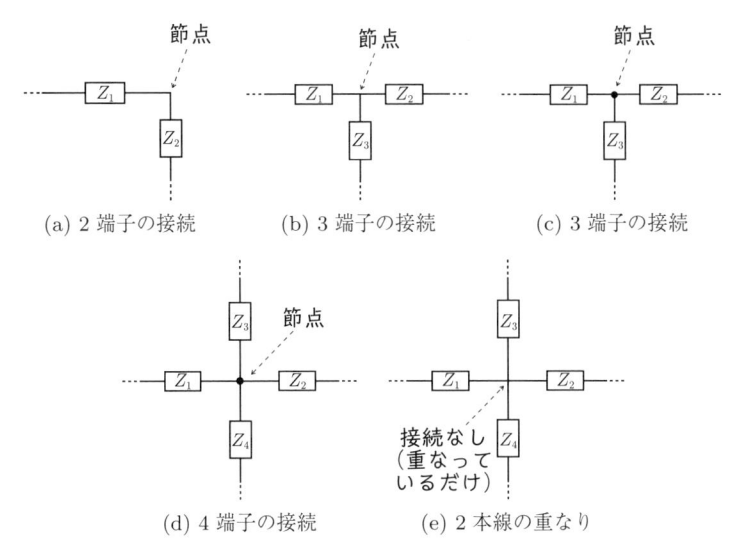

(a) 2 端子の接続　　(b) 3 端子の接続　　(c) 3 端子の接続

(d) 4 端子の接続　　(e) 2 本線の重なり

図 1.15　回路の接続と節点を示した図．二つもしくは三つの端子の接続の場合，(a) (b) のように素子をそのまま接続したその点を節点といいます．(c) および (d) のように三つ以上の節点では接続していることを示すために黒丸（白丸のときもあります）で示します．(e) のように線が交差しているところは接続しているのではなく，重なっているだけとみなします（この場合，Z_3 と Z_4，Z_1 と Z_2 はそれぞれ接続されています）．

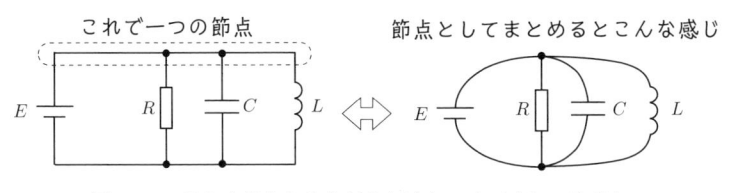

図 1.16　見やすさをとるかどうかはケースバイケースです．

ルのゼロ点（基準点）とする（図 1.17）」を学んだことを思い出してください．ポテンシャルは各点で値が異なります．節点でのポテンシャルを**節点電位**といいます．

　物理（力学や電磁気学）では，電場や磁場は時間と空間の関数ですので，どこかの点にポテンシャルのゼロ点を設定できます．一方，集中定数回路では空間という考えはありませんので，ポテンシャルが変化するどこかの点，つまり回路内のどこかの節点を基準点（**基準節点**とよびます）として設定しなければ

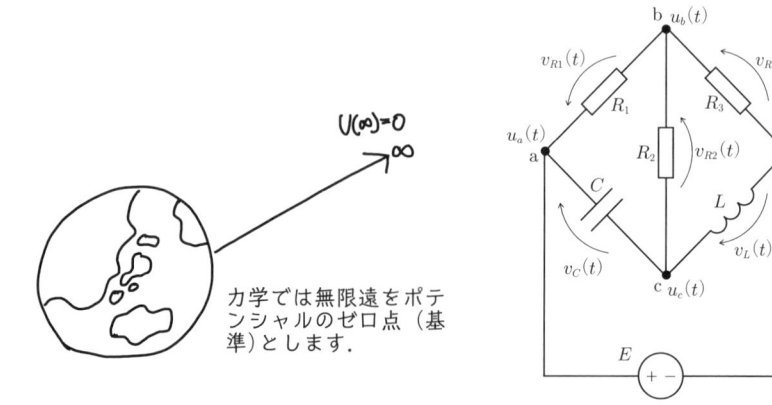

図 **1.17**　集中定数回路では回路内の一つの節点をポテンシャルの基準とします.

なりません. 基準節点をグラウンドとよぶ場合もあります[*2].

素子電圧と節点電位

電位の基準（基準節点）が決まれば, 基準節点に対する節点電位が求まります. 素子電圧は 2 節点のポテンシャル差（電位差）, つまり相対値になります. 素子電圧と節点電位の違いに注意してください.

逆に, 任意の節点電位は素子電圧を用いて表すことができます. 例えば, 図 1.17 右において基準節点を節点 d $(u_d = 0)$ と選んだ場合の節点 a での電位 u_a を考えます. 節点 d から節点 a までの経路は, d → b → a および d → b → c → a, d → c → a, d → c → b → a, d → a の 5 通りあります. このうち, d → b → a の場合, 節点 d から節点 b で電位が v_{R3} 上がり, 節点 b から節点 a で電位が v_{R1} 上がっています. このことから, $u_a = v_{R3} + v_{R1}$ となります. 一方, d → b → c → a の場合, $u_a = v_{R3} - v_{R2} + v_C$ となり, 節点 b から節

[*2] 電気・電子機器では電源（電池）の電位が低い方をグラウンドにする場合がほとんどです. グラウンドを示す記号を基準節点とする場合がありますが注意が必要です. 集中定数回路の場合はそのような考えで問題ありませんが, いわゆるグラウンドを接続すると, グラウンド側に電流が流れてもよいということになります. 実際の回路や集中定数回路と伝送線路を接続するような回路ではふるまいが変わってしまいます.

点cでは素子電圧が下がっている向きなので，v_{R2} の前にマイナスがついています．電圧の向きは問題を解く前に設定した向きなので実際には解いてみないと実際の向きはわかりません．しかし，設定した向きにあわせてプラスかマイナスかをつける必要があります．

また，基準節点を節点c（$u_c = 0$）と選べば，$u_a = v_C$ となります．このように基準節点をどこに置くのかは任意ですが，どこに基準節点を置いたとしても，回路の問題を解いたときの結果は変わりません（当たり前ですが）．

本書では，素子電圧と節点電位の違いを明確にするために，素子電圧をアルファベットのブイ（v もしくは V）で表すことにします．一方，節点電位を「ポテンシャル」と表現し，アルファベットのユー（u もしくは U）で表すことにします．

素子電圧と節点電位

- 節点電位：ある節点における基準節点に対する電位
- 素子電圧：素子の端子（節点）の電位差

問 1.7 図 1.17 右において基準節点を節点d（$u_d = 0$）としたときの節点aでの電位 u_a を，以下のそれぞれの経路を選んだ場合において，1 素子電圧を用いて表してください．

1. d → c → a
2. d → c → b → a
3. d → a

抵抗の直列接続と合成抵抗

図 1.18 に示すように，n 個の抵抗（R_1, R_2, $\cdots$, R_n）を直列に接続した場合を考えてみます．それぞれの抵抗の素子電圧が v_1, v_2, $\cdots$, v_n です．n 個の抵抗間の電位差 v は図 1.18 の抵抗の素子電圧の向きより，$v(t) = v_1(t) + v_2(t) + \cdots + v_n(t)$ となります．各抵抗に流れる電流値は同じ値 $i(t)$ であるこ

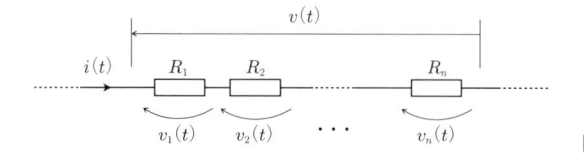

図 **1.18**　抵抗の直列接続.

とから $v(t) = R_1 i(t) + R_2 i(t) + \cdots + R_n i(t) = (R_1 + R_2 + \cdots + R_n)i(t)$ となります．つまり，直列接続されている抵抗は，その抵抗値を足し合せた値の一つの抵抗に置き換えることができます．これを合成抵抗とよびます．

1.5　回路の基本方程式

キルヒホッフの電流則

節点における重要な法則として**キルヒホッフの電流則**（Kirchhoff's Current Law: KCL）があります．これは，以下のような法則です．

> ─ キルヒホッフの電流則 ─────────
>
> 任意の時刻において回路中のどの節点においても，その節点に接続されている素子電流 $i_m (m = 1, 2, \cdots, M)$ すべての代数和はゼロである．つまり以下の式が成り立つ．
>
> $$\text{KCL 方程式}: \sum_{m=1}^{M} i_m(t) = 0 \tag{1.27}$$
>
> ここでいう代数和とは，節点から電流が出ていく場合にプラス $(+)$ をつけ，節点に電流が入る場合にはマイナス $(-)$ をつけて，和をとることを意味する．

例えば，図 1.19 に示す節点では，i_1 および i_3, i_5 は節点から電流が出ていっており，i_2 と i_4 は節点に電流が入っていっています．この場合，i_1 および i_3, i_5 には ＋ をつけて，i_2 と i_4 には － をつけて和をとるので，この場合にキルヒホッフの電流則を適用すると，この節点では $i_1 - i_2 + i_3 - i_4 + i_5 = 0$ の KCL 方程式が得られます．

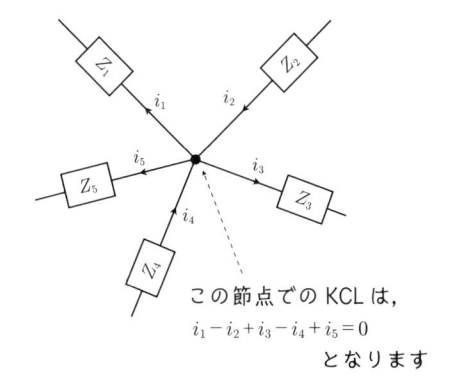

この節点での KCL は，
$$i_1 - i_2 + i_3 - i_4 + i_5 = 0$$
となります

図 1.19 キルヒホッフの電流則（KCL）を示した図．節点に接続されている素子電流の代数和はゼロになります．

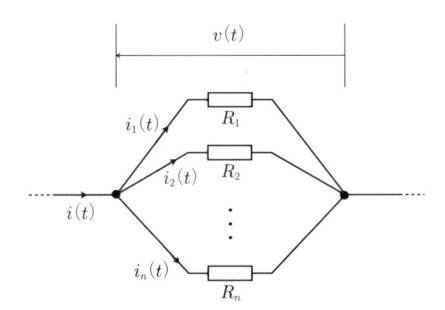

図 1.20 抵抗の並列接続．

抵抗の並列接続

21 ページでは抵抗の直列接続を考えましたが，図 1.20 に示すように抵抗を並列に接続した場合を KCL を用いて考えます．節点間の電位差は $v(t)$ ですので，それぞれの抵抗の素子電圧も同じ電圧（$v(t) = v_1(t) = v_2(t) = \cdots = v_n(t)$）になります．それぞれの抵抗に流れるの素子電圧を i_1, i_2, $\cdots$, i_n とした場合，$v(t) = R_1 i_1(t) = R_2 i_2(t) = \cdots = R_n i_n(t)$ となります．KCL より $i(t) = i_1(t) + i_2(t) + \cdots + i_n(t) = \left(\frac{1}{R_1} + \frac{1}{R_2} + \cdots + \frac{1}{R_n} \right) v(t)$ となります．このことより，合成抵抗を R_{Total} とすると $\frac{1}{R_{\text{Total}}} = \frac{1}{R_1} + \frac{1}{R_2} + \cdots + \frac{1}{R_n}$ となります．

カットセットと **KCL**

図 1.21 のような任意の回路 N と回路 N' が，素子 $Z_m(m = 1, 2, \cdots, M)$ を介

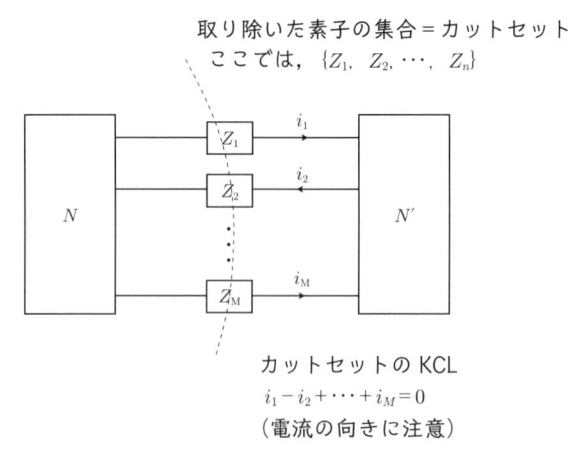

図 **1.21** カットセットで KCL が成り立ちます.

して接続されている場合を考えます.このとき,各素子には $i_m (m = 1, 2, \cdots, M)$ の素子電流が流れているとします.Z_i すべてを取り除くことで,N と N' を分離する場合,集合 $\{Z_1, Z_2, \cdots, Z_M\}$ を**カットセット**といいます.このとき,N から N' に流れる電流の総和と N' から N に流れる電流の総和は等しくなければなりません.言い換えれば,電流の向きを考慮した電流の代数和はゼロである必要があります.そうでないと,どこかで電流が漏れていたりどこからか電流が注入されていることになります.このようなことから,カットセットを用いて KCL が成り立つことがわかります.

キルヒホッフの電圧則

20 ページで述べた通り,節点間の電位差は素子電圧を足し合せていくことで表現できます.素子電圧を足し合せて,ある回路内の経路を 1 周してきてもとの節点に戻った場合,その経路を**閉路**といいます.最初の節点に戻ってきたので,当然ながらその電位差はゼロとなります.このことを表す重要な法則として,**キルヒホッフの電圧則** (Kirchhoff's Voltage Law: KVL) があります.これは,次のような法則です.

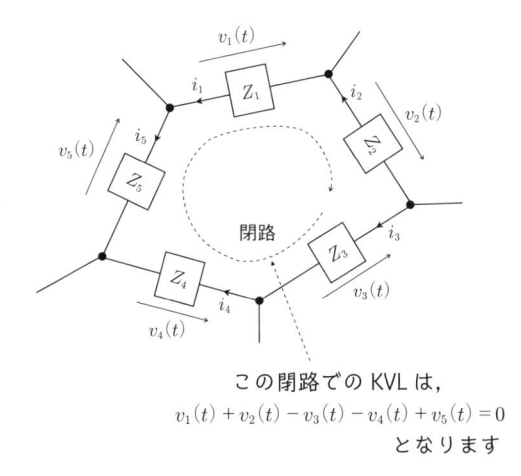

この閉路での KVL は,

$$v_1(t) + v_2(t) - v_3(t) - v_4(t) + v_5(t) = 0$$

となります

図 **1.22** 回路内の閉路と KVL の例.

> **キルヒホッフの電圧則**
>
> 任意の時刻において回路中のどの閉路においても,その閉路に含まれる素子電圧の代数和はゼロになる.
>
> $$\text{KVL 方程式} : \sum_{m=1}^{M} v_m(t) = 0 \tag{1.28}$$
>
> ここで代数和とは,素子電圧が高くなる場合に $v_m(t)$ に $(+)$ をつけ,低くなる場合にマイナス $(-)$ をつけて,和をとることを意味する.

例として,図 1.22 に示す回路の KVL 方程式をつくってみることにします.閉路の向き(時計回り)に対して,$v_1(t)$ および $v_2(t)$,$v_5(t)$ は同じ向き(つまり素子電圧が高くなる),$v_3(t)$ および $v_4(t)$ は逆向きです.したがって,KVL 方程式は以下の通りになります.

$$v_1(t) + v_2(t) - v_3(t) - v_4(t) + v_5(t) = 0 \tag{1.29}$$

回路における基本方程式

どの学問においても基本となる方程式があります.例えば,力学における

$F = ma$ がそうです．集中定数回路においても同様です．回路理論では素子電流と素子電圧の値を求めるので，素子の数が m の場合未知数は $2m$ となります（独立電圧源や独立電流源がある場合は，それぞれ電圧値や電流値は既知なのでその分は未知数は減ります）．したがって，必要な連立方程式の数も $2m$ となりますが，とにかく $2m$ 個の方程式をつくればよいというわけではありません．必要十分な方程式の数は以下の通りになります．

> **集中定数回路における基本方程式と必要な数**
>
> 素子数 m，節点数 n の回路において，必要十分な方程式の数は以下の通りになる．
> - 素子特性：m
> - キルヒホッフの電流則：$n - 1$
> - キルヒホッフの電圧則：$m - n + 1$

素子特性とは受動素子の電圧–電流特性である式 (1.19) や式 (1.22)，式 (1.26) などのことです．これらの方程式の数を足し合せると $2m$ となり，必要十分な連立方程式が得られます[*3]．なぜこのような数の方程式が必要であるのかは，もう少し複雑な議論が必要なのですが，そのためには線形代数やグラフ理論の知識が必要になるため，興味のある方は文献 [6] などで確認してください．

連立方程式の式変形を行っていくと

　必要十分な数の素子特性および KVL 方程式，KCL 方程式をつくると，求めたい素子電圧（もしくは素子電流）以外を消去した式に変形していく必要があります．キャパシタやインダクタの素子特性は微分もしくは積分が含まれているので，得られる式にも当然微分や積分が含まれます．積分の項が含まれている場合は，式全体を微分をすることで，積分項が含まれていない式が得られます．つまり，**回路の問題を解くべき方程式は常微分方程式になります．**

　一例として，図 1.23(a) の回路におけるキャパシタ C の素子電圧 $v(t)$ を求め

[*3] 実際に方程式をつくるときには，ノウハウとして，変数の数を少なくなるようにする場合がよくあります．例えば，KCL 方程式や KVL 方程式をつくるときに素子特性をあらかじめ代入しておくことがよくあります．

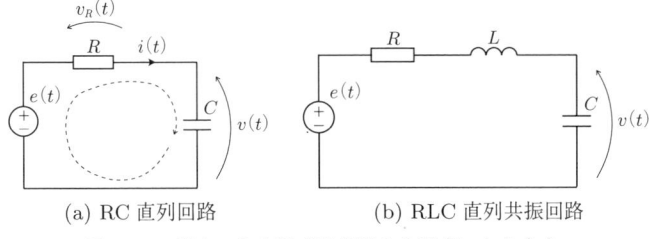

(a) RC 直列回路　　　　(b) RLC 直列共振回路

図 **1.23**　解くべき方程式は常微分方程式になります.

る方程式を導いてみましょう. 素子に流れる電流 $i(t)$ を図のような向きに流れているとすれば, 図 1.23(a) における KVL 方程式は以下のようになります.

$$e(t) - v_R(t) - v(t) = 0 \tag{1.30}$$

$v_R(t) = i(t)R$ であり, キャパシタ C の素子電圧と素子電流の関係は $i(t) = C\frac{dv(t)}{dt}$ であることから, これらを式 (1.30) に代入し式変形すると以下の式が得られます.

$$RC\frac{dv(t)}{dt} + v(t) = e(t) \tag{1.31}$$

このように, 図 1.23(a) の回路図では 1 階の微分方程式が得られました. 微分方程式の階数は回路によりますが, キャパシタやインダクタの数が増えると大きくなっていきます[*4]. どのようにして回路の常微分方程式を解くのかについては, 第 2 章で説明します.

問 **1.8**　上述の例題にならい, 図 1.23(b) の回路図におけるキャパシタ C の素子電圧 $v(t)$ 関する常微分方程式を導いてください.

1.6　結 合 素 子

離れていても作用する

　図 1.24 に示すように, 2 本の並行な導線に定電流 i_1 および i_2 が流れている場合を考えます. 高校の物理の授業で学んだかと思いますが, これらの導線の

[*4] 必ずしもキャパシタとインダクタの数に比例しません.

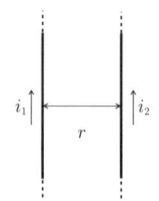

図 **1.24**　2 本の線に力が働くのは
結合（カップル）しているからです.

間には力が働いており, 以下の式で与えられます.

$$F = \frac{\mu_0 i_1 i_2}{2\pi r} \tag{1.32}$$

ここで μ_0 は真空の透磁率です（導線は真空中にあるとしています）. どうして
働く力の式がこのようになるのかを正しく理解するには, 電磁気学を勉強しな
いといけないのですが, 簡単にいうと導線のまわりに生じた磁場によって電流
（電荷の動き）と相互作用力が生じているからです.

　このように離れていても相互作用していることを**結合（カップル）している**と
いいます. 実際の回路内では, あらゆる部分で複数の導線や部品が何らかの影
響を及ぼし合っています. しかし, これまで, 集中定数回路では素子どうしを
接続している線は導線でなく, 接続を表しているだけということを述べました.
言い換えれば, 集中定数回路では素子を接続している線どうしは結合していな
いことを意味します. ただ, 直接的に回路として接続されていなくても, 回路
内の他の部分の電圧や電流に影響を与えるような素子も存在するので, 素子と
して取り扱うことにしています. このような素子を**結合素子**といいます.

相互インダクタ

　図 1.24 で示した通り, 2 本の導線間は磁場を介して相互作用しています. 相
互作用を強くする（言い換えれば結合を強くする）方法としては, 導線を近づ
けるか電流の値を大きくすることが挙げられます. これらはいずれも磁場を強
くしていることになります. そこで図 1.25 左のように導線をコイル状にしたも
の二つを近づけることで, 意図的に結合を強くすることができます. このよう
に電流（磁場）によって影響を及ぼす素子を**相互インダクタ**といい, どれだけ
相互作用が強いか, つまり結合の度合いを示す量を**相互インダクタンス**（本書

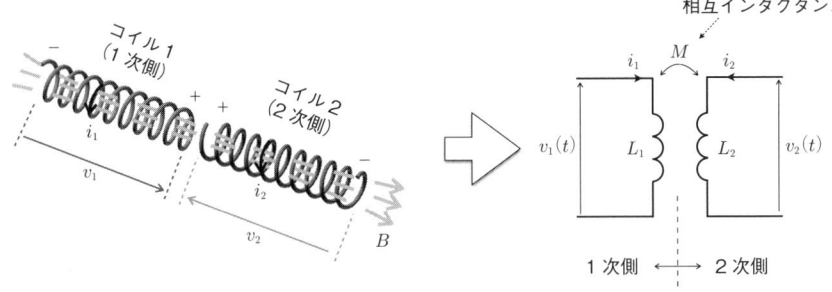

図 1.25　2 本の導線をコイル状にすることで，結合が強くなります．左図のように描くのは大変なので，右図のように簡略化して表現します．

では M として表します）といいます．回路図で図 1.25 左のように描くのは大変なので，右図のように簡略化して表現します．

相互インダクタは文字通り，お互いに影響を及ぼします．そこで，図 1.25 右に示す通り，それぞれを 1 次側と 2 次側とよびます．ただ，必ずしも左側が 1 次側というわけではありません．結合がない場合は，それぞれの自己インダクタ（L_1 および L_2）によって生じる電圧は，式 (1.26) より，$L_1 \frac{di_1}{dt}$，$L_2 \frac{di_2}{dt}$ ですが，それぞれが相互インダクタンス M によって相手側の素子電流（から生じた磁場）によって影響を受けています．その結果，それぞれの自己インダクタ両端での素子電圧 $v_1(t)$ および $v_2(t)$ は以下の式で表されます．

$$v_1(t) = L_1 \frac{di_1(t)}{dt} + M \frac{i_2(t)}{dt}$$
$$v_2(t) = M \frac{di_1(t)}{dt} + L_2 \frac{i_2(t)}{dt} \tag{1.33}$$

コイルの形状や配置によっては，式 (1.33) の上式と下式の M はそれぞれ M_{12} や M_{21} のように異なる値をもつこともあります．ただ，本書を含め，一般的には $M = M_{12} = M_{21}$ として話を進めます．

相互インダクタの向きと黒丸

もう一度図 1.25 左のコイルを見てください．2 次側のコイルの巻き方を逆にしてみるとどうなるでしょうか．1 次側の磁場による 2 次側の（誘導）電流の

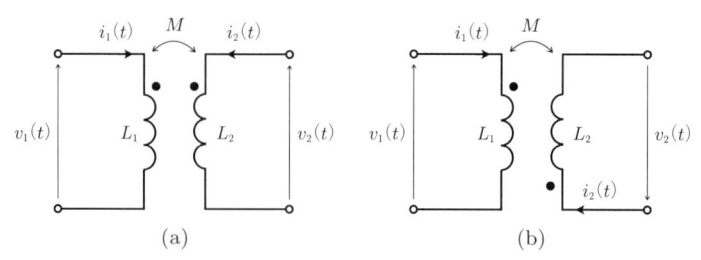

図 1.26 黒丸を用いた相互インダクタの表現方法. 1 次側において黒丸から電流が流れると, 2 次側では黒丸側が電圧の正とします.

向きは逆になります. その結果, 生じる誘導電圧も逆向きになります. このように実際の相互インダクタでは素子の幾何学形状によって流れる電流の向きが変わってきます. 幾何学形状の違いをうまく表現しなければなりません.

一つの方法としては幾何学形状を考えずその効果を相互インダクタンスに含めてしまいます. 例えば, 図 1.25 右がそれにあたります. このとき, M は正負の値をもつ可能性がありますが, 回路図からは正負がわかりません. この場合, 式 (1.33) をそのまま適用します.

一方, 他の素子とのつながりと相互インダクタの幾何学形状の効果を考慮したい場合は, 図 1.26 のように黒丸を用いる方法があります. この方法では, M を正として, 1 次側において黒丸から電流が流れると, それによる 2 次側の電圧は黒丸側が正となるように設定します.

相互インダクタの問題を解くのは難しい?

相互インダクタに黒丸をつけることで幾何学的構造 (コイルの巻き方) に対応できるのですが, 実際に KVL 方程式をつくるときには注意が必要です. 図 1.27 の回路図における KVL 方程式をつくることにしましょう. それぞれの素子電圧 v_{R_1} および v_{L_1}, v_{L_2}, v_{R_2} とすると, KVL 方程式は以下の通りになります.

$$E - v_{R_1} - v_{L_1} - v_{L_2} - v_{R_2} = 0 \tag{1.34}$$

ここでそれぞれの素子電圧を見ていきます. R_1 および R_2 の素子電圧は, それぞれ $v_{R_1} = R_1 i$ および $v_{R_2} = R_2 i$ です. L_1 において, 自己インダクタンス L_1 によって生じる電圧は $L_1 \frac{di}{dt}$ です. 次に, 相互インダクタンス M によって L_1

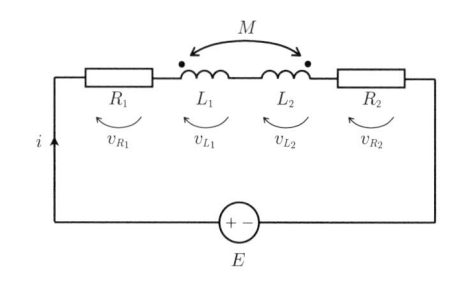

図**1.27**　例題の回路図. 黒丸
の位置に注意して問題を解か
なければなりません.

に生じる電圧を考えます. i の向きが L_2 の黒丸の位置と反対側から流れてい
ますが, これは黒丸から $-i$ の電流が流れていることと等価です. したがって,
相互インダクタンスによって生じる電圧は $M\frac{d(-i)}{dt}$ となります. したがって,
$v_{L_1} = L_1\frac{di}{dt} + M\frac{d(-i)}{dt} = L_1\frac{di}{dt} - M\frac{di}{dt}$ となります. L_2 に生じる電圧ですが,
図 1.27 での v_{L_2} の向きが黒丸と逆向きなので, $-v_{L_2}$ の電圧を考えることにし
ます. 自己インダクタンス L_2 によって生じる電圧 (黒丸側が正) は $L_2\frac{d(-i)}{dt}$ と
なります. 相互インダクタンス M による電圧は, L_1 の黒丸側から電流が流れ
ていることから $M\frac{di}{dt}$ となります. このことから, $-v_{L_2} = M\frac{di}{dt} + L_2\frac{d(-i)}{dt}$ と
なり, $v_{L_2} = -M\frac{di}{dt} + L_2\frac{di}{dt}$ となります. これらを式 (1.34) に代入して, 以下
の KVL が得られます.

$$E - (R_1 + R_2)i - (L_1 + L_2 - 2M)\frac{di}{dt} = 0 \qquad (1.35)$$

問 1.9　図 1.28 の回路図において, 抵抗 R_2 の素子電圧 $v(t)$ を求めるために必
要な素子特性, KCL 方程式, KVL 方程式を示し, $v(t)$ に関する常微分方程式
を導いてください.

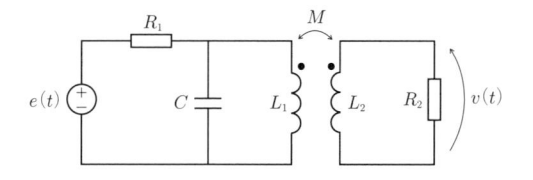

図 **1.28**　問 1.9 の回路図.

従 属 電 源

従属電源は，常に一定の値や振幅を出力する独立電源とは異なり，ある素子の電圧値や電流値に依存する電源です．言い換えれば，ある素子の電圧値や電流値によってコントロールできる電源です．どうしてそのような電源が必要になってくるのかというと，電子回路のトランジスタやオペアンプをモデリングするときに用いるためです．従属電源は図 1.29 に示す通り 4 種類あります．ある素子の電圧値によって電流値を制御する電流源を電圧制御電流源（voltage-controlled current source: VCCS, 図 (a)）といいます．以下，同様に (b) 電圧制御電圧源（voltage-controlled voltage source: VCVS），(c) 電流制御電流源（current-controlled current source: CCCS），(d) 電流制御電圧源（current-controlled voltage source: CCVS）があります．通常，コントロールする側の電圧や電流を 1 次側（$v_1(t)$ や $i_1(t)$）とし，電源を 2 次側（$v_2(t)$ や $i_2(t)$）とします．

従属電源の 1 次側と 2 次側の関係は以下の式で表されるように，以下に示す係数で関係づけられます．

$$\text{VCCS: } i_2(t) = g v_1(t) \tag{1.36}$$

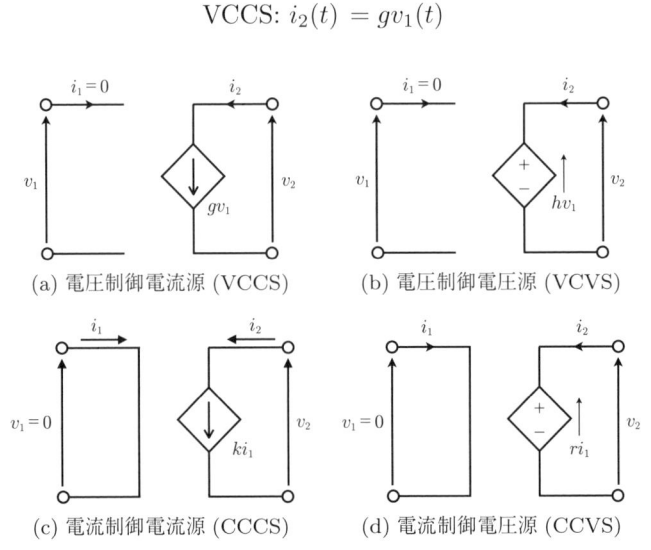

(a) 電圧制御電流源 (VCCS)　　(b) 電圧制御電圧源 (VCVS)

(c) 電流制御電流源 (CCCS)　　(d) 電流制御電圧源 (CCVS)

図 **1.29**　従属電源．独立電源と違いひし形をしています．

$$\text{VCVS: } v_2(t) = h v_1(t) \tag{1.37}$$

$$\text{CCCS: } i_2(t) = k i_1(t) \tag{1.38}$$

$$\text{CCVS: } v_2(t) = r i_1(t) \tag{1.39}$$

ここで係数はそれぞれ名前があり, g は相互コンダクタンス, h は電圧利得, k は電流利得, r は相互抵抗といいます.

問 1.10　図 1.30 の回路において, $v(t)$ に関する常微分方程式を導出してください.

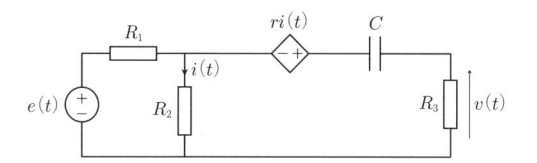

図 1.30　問 1.10 の回路.

結合素子はその他いろいろある

電気回路で登場する結合素子はその他にもいくつかあります. 図 1.31 に理想変成器とジャイレータを示します.

理想変成器では 1 次側と 2 次側に以下の関係があります.

$$v_2(t) = n v_1(t), \quad i_2(t) = -\frac{1}{n} i_1(t) \tag{1.40}$$

式より, 1 次側の電圧を n 倍に変換することがわかります.

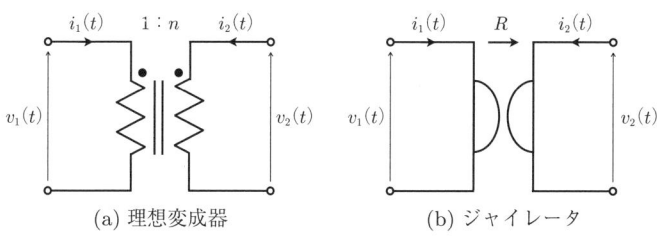

(a) 理想変成器　　　　　　(b) ジャイレータ

図 1.31　その他の結合素子の例.

ジャイレータは 1 次側と 2 次側に以下の関係があります.

$$v_1(t) = \mp Ri_2(t), \quad v_2(t) = \pm Ri_1(t) \quad （複号同順） \tag{1.41}$$

この関係式を一見しただけでは, ジャイレータがどのような役割をするのかはわからないかもしれません. 具体的には素子特性の変換に用いられます (問 1.11).

問 1.11　図 1.32 のようにジャイレータにキャパシタ C を接続した回路は, インダクタと同じ働きをすることを示してください.

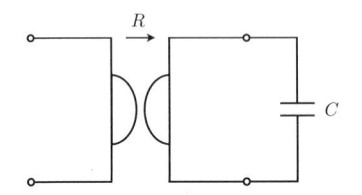

図 **1.32**　問 1.11 の回路.

1.7　瞬時電力とエネルギー

瞬 時 電 力

　抵抗に電流を流すと熱くなることを理科の実験で経験したことがあるかもしれません. これは電気のエネルギーが熱のエネルギーに変換されたことを意味します. 電気回路の素子もエネルギーを定義することができます. **瞬時電力** $p(t)$ は, 単位時間あたりに消費されるエネルギーとして, 素子電圧 $v(t)$ と素子電流 $i(t)$ を掛けたものとして定義されます.

瞬時電力

$$p(t) = v(t) \cdot i(t) \ \ [\mathrm{J/s}] \ \ もしくは \ \ [\mathrm{W}] \tag{1.42}$$

ただし,

$p(t) > 0$: 素子でエネルギーが消費されているもしくは蓄積されている

$p(t) < 0$：素子からエネルギーが供給されているもしくは放出されている

電圧と電流は向き，つまり正負の値をもつので，瞬時電力も正負の値をもちます．図1.9で示した通り，電圧と電流は逆向きに定義していますので，誤った向きに設定して問題を解くと，エネルギーを消費したのか放出したのかがわからなくなる場合があるので注意が必要です．

問 1.12　図1.33の回路において，電力を供給している素子はどれか求めてください．

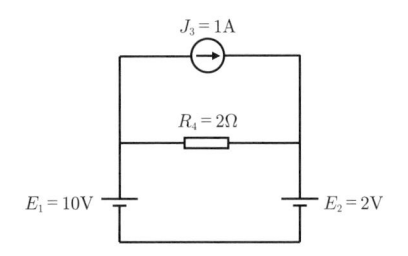

図 1.33　問1.12の回路.

素子で消費されるエネルギー

瞬時電力 $p(t)$ は単位時間あたりのエネルギーですので，これを時間で積分したものがその時間で素子に供給される（または素子が供給した）エネルギーになります．時刻 t における，t_0 から消費したエネルギーを $W(t_0, t)$ とすると，以下の式で表されます．

エネルギーの式

$$W(t_0, t) = \int_{t_0}^{t} p(t) \mathrm{d}t \quad [\mathrm{J}] \tag{1.43}$$

例題として，図1.34のような電流 $i(t)(t > 0)$ を，$R = 2[\Omega]$ の抵抗に流したときに抵抗で消費されるエネルギー $W(0, t)$ を求めてみます．

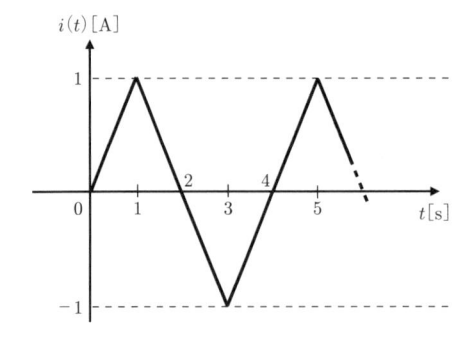

図 **1.34**　三角波のように関数形が時刻によって変わるときには場合分けをして考えなければなりません.

表 **1.2**　図 1.34 における例題での電流および瞬時電力, エネルギー.

t [s]	$i(t)$ [A]	$p(t)$ [J/s]	$W(0,t)$ [J]
$0 \leq t < 1$	t	$2t^2$	$2t^3/3$
$1 \leq t < 3$	$-t+2$	$2(t-2)^2$	$W(0,1) + 2\int_1^t (\tau-2)^2 d\tau$
$3 \leq t < 4$	$t-4$	$2(t-4)^2$	$W(0,1) + W(1,3) + 2\int_3^t (\tau-4)^2 d\tau$

　まず瞬時電力 $(p(t) = \{i(t)\}^2 R)$ を求めてから, それを式 (1.43) の通り積分すればよいのですが, $i(t)$ は三角波なので, 依存性が変化する時刻で場合分けして考えなければなりません. 周期が 4[s] であることをから, 表 1.2 のように, $0 \leq t < 1$ [s] および $1 \leq t < 3$ [s], $3 \leq t < 4$ [s] に場合分けをして考えます. ここで注意すべきはエネルギー $W(0,t)$ の計算です. $0 \leq t < 1$ [s] の場合は $p(t)$ をそのまま積分すればよいのですが, それ以降は注意が必要です. つまり, $1 \leq t < 3$ [s] では, $W(0,t) = W(0,1) + W(1,t)$ として, $0 \leq t < 1$ [s] のエネルギー $W(0,1)$ を加えておく必要があります. つまり以下のようになります.

$$\begin{aligned}
W(0,t) &= W(0,1) + W(1,t) \\
&= 2\int_0^1 \tau^2 d\tau + 2\int_1^t (\tau-2)^2 d\tau \\
&= \left[\frac{2}{3}\tau^3\right]_0^1 + \left[\frac{2}{3}(\tau-2)^3\right]_1^t \\
&= \frac{2}{3}(t-2)^3 + \frac{4}{3} \qquad (1 \leq t < 3 \text{ [s]})
\end{aligned} \tag{1.44}$$

$3 \leq t < 4$ [s] の場合も同様です.

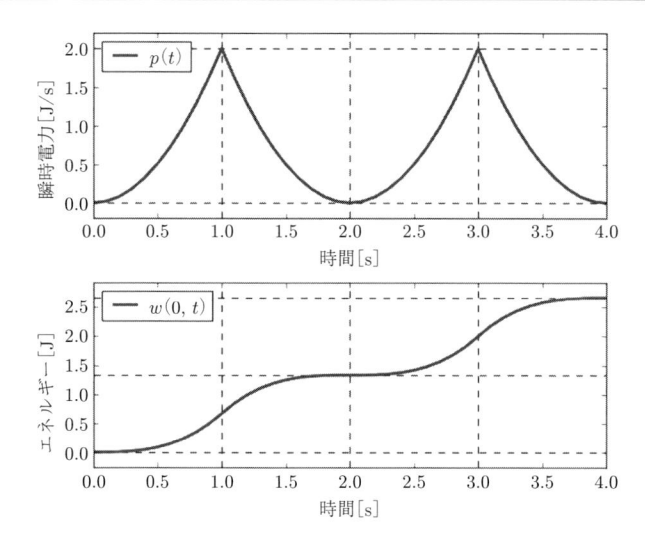

図 1.35　図 1.34 の電流を 2 [Ω] の抵抗に流したときの瞬時電力（上）とエネルギー（下）のグラフ.

$$
\begin{aligned}
W(0,t) &= W(0,3) + W(3,t) \\
&= 2 + 2\int_{3}^{t}(\tau - 4)^2 d\tau \\
&= 2 + \left[\frac{2}{3}(\tau - 4)^3\right]_{3}^{t} \\
&= \frac{2}{3}(t-4)^3 + \frac{8}{3} \quad (3 \leq t < 4 \,[\mathrm{s}])
\end{aligned}
\tag{1.45}
$$

したがって，$W(0,t)$ のグラフは図 1.35 のようになります.

問 1.13　1[Ω] の抵抗と 1[H] のインダクタがあります．それぞれに $i(t) = \cos t$ の電流を流した場合の瞬時電力とエネルギーを求めてください．さらにプログラミングを利用してそれらをグラフ化してください.

第2章

微分方程式を用いた
回路問題の解法

　　本章では，回路における常微分方程式の解法について説明します．回路
の問題で常微分方程式をどのように解いていくのかは，交流定常状態か過
渡応答を解くのかによって異なりますが，いずれにしてもパターン化され
ています．

2.1　回路の基本方程式から回路の微分方程式へ

集中定数回路は常微分方程式になる

　第1章で述べた通り，KVL方程式およびKCL方程式，素子特性から不要な
変数を削除し，求めたい素子電圧（もしくは電流）だけの式をつくると，その
式は常微分方程式になります．つまり，集中定数回路の問題を解くということ
は，常微分方程式をどうやって解くのかを考えることになります．実際に常微
分方程式を解く方法としては，解析的，つまりペンでひたすら計算をして解く
方法と，コンピュータを用いて数値計算をする方法があります．本章では解析
的に微分方程式を解いていく方法を学びます．

回路の微分方程式を解くパターン

　もしみなさんが数学の講義で常微分方程式の解法を学んでいれば，それをそ
のまま利用できます．これから説明する回路特有のパターンがあることを知っ

ておくと後はがんばって計算をするのみです．回路の問題を解く場合，以下の二つのことを考慮する必要があります．

> ――　回路の常微分方程式を解く際の考慮すべき点　――――
>
> ● 解くべき回路が交流定常状態なのか過渡応答なのか
> ● 過渡応答の場合，初期条件をどう設定するか

2.2　常微分方程式の解法

常微分方程式の形

KVL 方程式と KCL 方程式，素子特性から求めた回路の常微分方程式は，一般的には以下のような式になります．

$$a_n \frac{d^n v(t)}{dt^n} + a_{n-1} \frac{d^{n-1} v(t)}{dt^{n-1}} + \cdots + a_1 \frac{dv(t)}{dt} + a_0 v(t) = f(t) \tag{2.1}$$

ここで $v(t)$ は求めるべき解で，$f(t)$ は電源に相当する項です．微分方程式の階数はキャパシタやインダクタの数に依存しますが，これらの総数に等しいわけではありません．$f(t) \neq 0$ のとき，この常微分方程式は**非同次（非斉次）形**といいます．一方，式 (2.1) において，$f(t) = 0$ と置いた

$$a_n \frac{d^n v(t)}{dt^n} + a_{n-1} \frac{d^{n-1} v(t)}{dt^{n-1}} + \cdots + a_1 \frac{dv(t)}{dt} + a_0 v(t) = 0 \tag{2.2}$$

である微分方程式を，**同次（斉次）形**の常微分方程式とよびます．非同次線形常微分方程式の解法に関する詳細は，多くの教科書で書かれているので，本書では解法だけを述べたいと思います．ご存じのみなさんは読み飛ばしていただいて結構です．非同次線形常微分方程式は以下の手順で解を求めます．

> ――　非同次微分方程式の解の求め方　――――
>
> 1. 常微分方程式（通常は非同次形）の同次形において，一般解 $v_h(t)$ を求める．これが非同次形の基本解となる．
> 2. 非同次微分方程式の特殊解 $v_p(t)$ を一つ見つける．
> 3. 非同次微分方程式の一般解は $v(t) = v_h(t) + v_p(t)$ である．

　常微分方程式の解法は他にもあるかと思いますが，第 3 章で学ぶ交流定常状態を説明するのに適当な方法を説明することにしました．

特性方程式から同次形の基本解を求める

　同次微分方程式（式 (2.2)）を見てください．それぞれの項は解 $v(t)$ を何回か微分したもので，それぞれを足し合せたものがゼロとなることから，$v(t)$ の関数形は指数関数にしてよいといえます．そこで，解を $Ae^{\lambda t}$（A および λ は定数）として同次方程式に代入します．

$$a_n \frac{d^n}{dt^n} Ae^{\lambda t} + a_{n-1} \frac{d^{n-1}}{dt^{n-1}} Ae^{\lambda t} + \cdots + a_1 \frac{d}{dt} Ae^{\lambda t} + a_0 Ae^{\lambda t} = 0$$

$$a_n \lambda^n e^{\lambda t} + a_{n-1} \lambda^{n-1} e^{\lambda t} + \cdots + a_1 \lambda e^{\lambda t} + a_0 e^{\lambda t} = 0 \tag{2.3}$$

$$a_n \lambda^n + a_{n-1} \lambda^{n-1} + \cdots + a_1 \lambda + a_0 = 0$$

このように，A と $e^{\lambda t}$ を消すことができ，第 3 式のように λ に関する多項式が得られます．$a_n, a_{n-1}, \cdots, a_1, a_0$ はすでにわかっている値（既知）ですので，この式は λ に関する n 次方程式であり，**特性方程式**といいます．特性方程式の次数は微分方程式の階数と同じになります．特性方程式の解の数は n 個あり，その解を $\lambda = \lambda_1, \lambda_2, \cdots, \lambda_n$ とします．λ が n 個あるので，微分方程式の解としては $A_i e^{\lambda_i t} \ (i = 1, 2, \cdots, n)$ の n 個になりますが，同次方程式の解はこれらを足し合せたものになります．これがこの同次微分方程式の一般解で，非同次微分方程式の基本解 $v_h(t)$ です．

$$A_1 e^{\lambda_1 t} + A_2 e^{\lambda_2 t} + \cdots + A_n e^{\lambda_n t} = v_h(t) \tag{2.4}$$

ここで $A_i (i = 1, 2, \cdots, n)$ は初期条件から求めなければなりません．この常微分方程式の解法は，理屈は難しくありませんが，微分方程式の階数が 3 以上になると特性方程式の解を求めることが非常に難しくなります．

回路では特殊解は難しくない

　非同次微分方程式の特殊解を「見つける」には，それなりに経験が必要になります．$f(t)$ の関数形にも依存しており，対応する特殊解を探し出さなくては

表 **2.1** 回路理論における電源と代入する特殊解.

電源の関数形 $f(t)$	特殊解 $v_p(t)$	
$\sin \omega t, \cos \omega t, e^{j\omega t}$	$Ae^{j\omega t}$	A は定数
ヘビサイド関数 $h(t)$	B	B は定数

なりません. ただ, 電気回路の問題では $f(t)$ の関数形は限定的で, 特殊解はパターン化し, 求めるのは難しくありません. 具体的には, $f(t)$ の関数形は正弦波 (sin か cos) になるか, もしくはスイッチのオン/オフ (つまり $t > 0$ では定数) がほとんどです. それらに対応する特殊解は表 2.1 に示すように, すでにわかっています. 特殊解は非同次項があることによって現れるので, その関数系は非同次項 (電源) の関数形に依存しています. つまり, 非同次項が $f(t) = E_0 \sin \omega t$ (A は定数) ならば $v_p(t) = Ae^{j\omega t}$ と置けばよいのです. A は非同次微分方程式に代入して求めます. また, 直流電圧源 (電池) とスイッチの組合せ (例えば, $e(t) = 0 \ (t < 0), E \ (t > 0)$) ならば, $v_p(t) = B$ のように置いて, 非同次微分方程式に代入して求めます.

交流定常状態では特殊解だけを求めればよい

解くべき非同次微分方程式の階数が 2 (ここではどのような値でもよいです) だった場合, 一般解 $v(t)$ は以下の式で与えられます.

$$v(t) = \underbrace{A_1 e^{\lambda_1 t} + A_2 e^{\lambda_2 t}}_{t \to \infty \text{ でゼロ}} + \underbrace{v_p(t)}_{f(t) \text{ に依存}} \quad (t > 0) \tag{2.5}$$

λ_1 と λ_2 は特性方程式から求まり, A_1 と A_2 は境界条件から求まります. 交流定常状態では振幅と位相が一定の状態です. つまりスイッチを入れて十分時間が経っているような状況を想定していますので, $t \to \infty$ となっています. このとき, 基本解の部分は指数関数なのでゼロにならなければなりません[*1]. つまり交流定常状態では特殊解 $v_p(t)$ だけ求めればよいのです. 以下に示すように, 過渡応答と交流定常状態では求めるべき解が異なります.

[*1] LC 共振回路のように振動し続ける場合もありますが, ほぼそうなると考えて大丈夫です.

回路の微分方程式で求める解

- 過渡応答の問題は一般解（= 基本解 + 特殊解）を求める
- 交流定常状態の問題を解く場合は特殊解のみ求める

2.3 交流定常状態を微分方程式で解く

R C 直 列 回 路

図 2.1 のような RC 直列回路において，交流定常状態でのキャパシタの電圧 $v(t)$ を求めてみます．KVL 方程式は $e(t) - Ri(t) - v(t) = 0$ ですが，$i(t) = C\frac{dv(t)}{dt}$ の関係を代入して整理すると，以下の微分方程式が得られます．

$$\frac{dv(t)}{dt} + \frac{1}{RC}v(t) = \frac{1}{RC}e(t) \tag{2.6}$$

1 階の非同次形常微分方程式が得られました．これまでの説明に従って解を求めていきます．電源が $e(t) = E_0 \cos \omega t$ なので，$e(t) \to E_0 e^{j\omega t}$ と置き直します．

交流定常状態では特殊解がわかればよいので，$v_p(t) = Ae^{j\omega t}$（A は定数）として，式 (2.6) に代入します．

$$Aj\omega e^{j\omega t} + \frac{1}{RC}Ae^{j\omega t} = \frac{1}{RC}E_0 e^{j\omega t} \tag{2.7}$$

$e^{j\omega t}$ を打ち消して A について解きます．

$$\begin{aligned} A &= \frac{E_0}{1 + j\omega RC} \\ &= \frac{E_0}{\sqrt{1 + (\omega RC)^2}}e^{j\theta}, \quad \theta = \tan^{-1}(-\omega RC) \end{aligned} \tag{2.8}$$

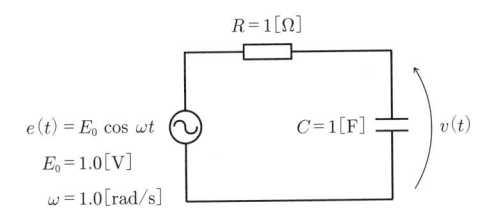

図 **2.1** RC 直列回路.

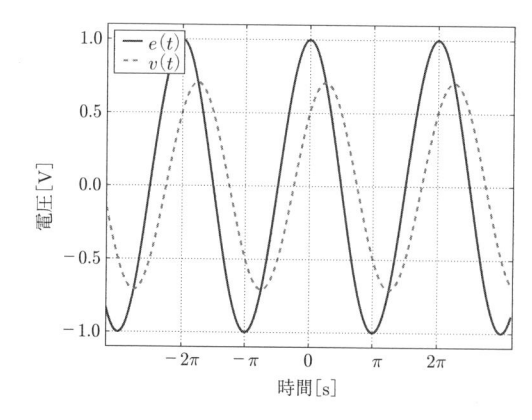

図 2.2　図 2.1 における $e(t)$（実線）および $v(t)$（破線）のグラフ.

以下の通り，特殊解 $v_p(t)$ が得られます.

$$v_p(t) = \frac{E_0 e^{j\theta}}{\sqrt{1+(\omega RC)^2}} e^{j\omega t} = \frac{E_0}{\sqrt{1+(\omega RC)^2}} e^{j(\omega t+\theta)}$$

$$\to \frac{E_0}{\sqrt{1+(\omega RC)^2}} \cos(\omega t+\theta), \quad \theta = \tan^{-1}(-\omega RC) \tag{2.9}$$

2 式目から 3 式目で $e^{j\omega t}$ から $\cos\omega t$ に戻しています. このとき，位相の変化も同時に cos に含ませているところに注意してください. したがって，交流定常状態での解は以下の通りになります.

$$v(t) = v_p(t) = \frac{E_0}{\sqrt{1+(\omega RC)^2}} \cos(\omega t+\theta), \; \theta = \tan^{-1}(-\omega RC) \tag{2.10}$$

図 2.1 に示されている素子の値を代入してグラフにしたものを図 2.2 に示します.

RLC 直列共振回路の周波数応答

図 2.3 の RLC 直列共振回路において，$e(t) = E_0 \cos\omega t \; (E_0 = 1[\mathrm{V}])$，$C = 1[\mathrm{F}]$，$L = 1[\mathrm{H}]$ とします. このとき，交流定常状態におけるキャパシタ C の電圧 $v(t) \; (= V_C \cos(\omega t+\theta) \; (V_C > 0)$，$\theta$ は位相差）の角周波数依存性を，$R = 0.01, 0.1, 1[\Omega]$ の異なる抵抗値で求めてみます[*2].

[*2] 角周波数依存性を求めるには角周波数を変化させる必要がありますが，角周波数を変化させた瞬間は過渡的な応答があります. ここでは角周波数を変化させて十分時間が経ち交流定常状態になった場合を想定しています.

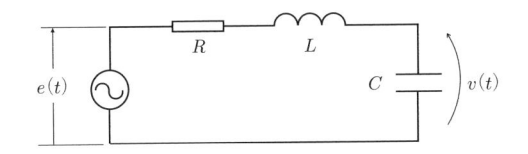

図 2.3　RLC 直列共振回路.

　角周波数を変化させると，得られた電圧振幅 V_C と位相 θ は周波数に依存して変化します．つまり $V_C(\omega)$ と $\theta(\omega)$ をグラフ化します．図 2.3 の回路図は，図 1.23(b) と同じ図です．常微分方程式の導出は問 1.8（27 ページ）で出題されているので結果を示します.

$$LC\frac{d^2v(t)}{dt^2} + RC\frac{dv(t)}{dt} + v(t) = e(t) \tag{2.11}$$

$e(t) = E_0 \cos\omega t \to E_0 e^{j\omega t}$ と置き直して，特殊解として $v_p(t) = Ae^{j\omega t}$（A は定数）を，式 (2.11) の $v(t)$ に代入して A を求めます.

$$(j\omega)^2 LCAe^{j\omega t} + (j\omega)RCAe^{j\omega t} + Ae^{j\omega t} = E_0 e^{j\omega t}$$
$$\to A = \frac{E_0}{(1 - \omega^2 LC) + j\omega RC} \tag{2.12}$$

ここから A の絶対値と偏角が求まります.

$$|A| = \frac{E_0}{\sqrt{(1 - \omega^2 LC)^2 + (\omega RC)^2}}, \quad \angle A = -\tan^{-1}\left(\frac{\omega RC}{1 - \omega^2 LC}\right) \tag{2.13}$$

したがって，キャパシタの電圧 $v(t)$ は以下の通りになります.

$$v(t) = \frac{E_0}{\sqrt{(1 - \omega^2 LC)^2 + (\omega RC)^2}} \cos(\omega t + \theta),$$
$$\theta = \angle A = -\tan^{-1}\left(\frac{\omega RC}{1 - \omega^2 LC}\right) \tag{2.14}$$

　$e(t) = \cos\omega t$, $C = 1.0[\mathrm{F}]$, $L = 1.0[\mathrm{H}]$ で，$R = 1.0, 0.1, 0.01[\Omega]$ と変化させたときの，$v(t)$ の振幅と位相のグラフを図 2.4 に示します．R の値が低い方がピークが急峻になっています．それに合せて，$\omega = 1[\mathrm{rad/s}]$ 付近の位相も急峻に変化しています．このように，電圧や電流がピークをもつことを**共振**といい，このときの周波数（角周波数）を**共振周波数（共振角周波数）**，もしくは共

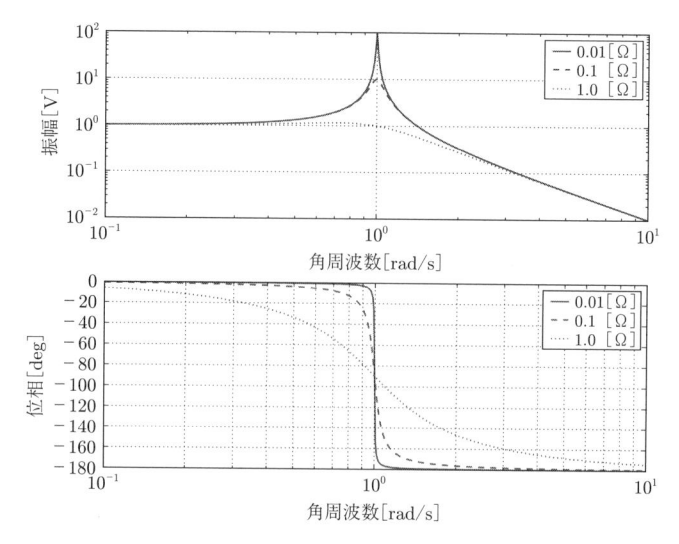

図 2.4　図 2.3 における $v(t)$ の振幅（上）と位相（下）の角周波数依存性.

振点といいます．またこのように共振点をもつ回路を**共振回路**といいます．共振回路に関しては，第 4 章で再度取り扱います．

問 2.1　図 2.5 の回路は交流定常状態にあります．キャパシタ C の電圧 $v(t)$ に関する常微分方程式とその解を求めてください．

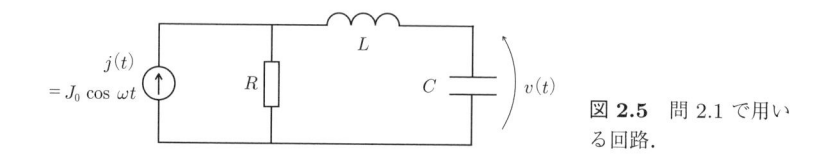

図 2.5　問 2.1 で用いる回路.

2.4　過渡応答を微分方程式で解く

R C 直 列 回 路

図 2.6 のような RC 直列回路において，時刻 $t = 0$ においてスイッチを閉じたときのキャパシタの電圧 $v(t)$ $(t > 0)$ および電流 $i(t)$ $(t > 0)$ を求めてみま

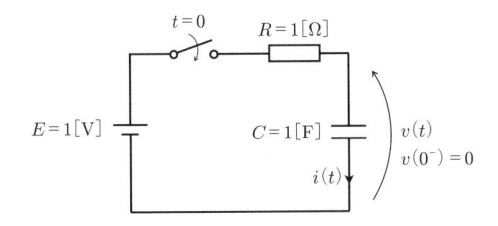

図 2.6 RC 直列回路.

す．なお，$t < 0$ においてキャパシタには電荷がない（つまり $t < 0$ において $v(t) = 0$）とします．回路図は交流定常状態（43 ページ）の交流電圧源 $e(t)$ を直流電圧源（電池）E と閉スイッチに置き換えたものです．したがって，微分方程式は $e(t) \to E$ に置き換えたものになります．

$$\frac{dv(t)}{dt} + \frac{1}{RC}v(t) = \frac{E}{RC} \tag{2.15}$$

この微分方程式は非同次形ですので，まずは同次形である

$$\frac{dv(t)}{dt} + \frac{1}{RC}v(t) = 0 \tag{2.16}$$

の解 $v_h(t)$ を求めることにしましょう．特性方程式は $\lambda + 1/(RC) = 0$ なので，$\lambda = -1/(RC)$ です．したがって，基本解は $v_h(t) = Ae^{-\frac{t}{RC}}$（$A$ は定数）となります．一方，特解に関しては，$t > 0$ において電圧源の値は一定（$e = E$）ですので，$v_p(t) = B$（定数）と置き，式 (2.15) に代入して B を求めます．

$$\frac{d}{dt}B + \frac{1}{RC}B = \frac{E}{RC} \ \to \ B = E \ (t > 0) \tag{2.17}$$

以上より式 (2.15) の一般解は，

$$v(t) = v_h(t) + v_p(t) = Ae^{-\frac{t}{RC}} + E \tag{2.18}$$

となります．式を見てもらうとわかりますが，解答の途中で導入した定数 A が残っているのでそれを求めます．初期条件 $v(0) = 0$ を代入すると，$v(0) = 0 = A \cdot 1 + E$ より $A = -E$ が得られます．したがって，$v(t)$ は以下の通りになります．

$$v(t) = E(1 - e^{-\frac{t}{RC}}) \ (t > 0) \tag{2.19}$$

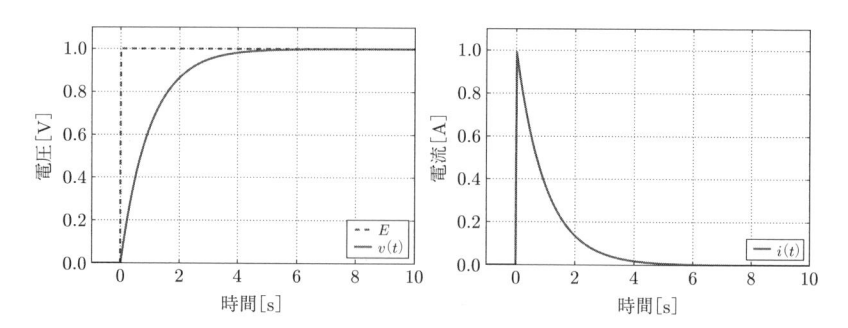

図 2.7 図 2.6 における, $t > 0$ における $v(t)$（左図実線）と $i(t)$（右図実線）の時間変化. 左図の破線は E で, $t < 0$ ではスイッチを開いているので $E = 0$ としています.

キャパシタの素子電圧がわかりましたので, $i(t) = C\frac{dv(t)}{dt}$ より, 電流を得ることができます.

$$i(t) = \frac{E}{R}e^{-\frac{t}{RC}} \ (t > 0) \tag{2.20}$$

図 2.7 のような時間依存性のグラフが得られます（$E = 1[\text{V}], R = 1[\Omega], C = 1[\text{F}]$ を代入しています）.

　微分方程式をプログラムを用いて解くこともできます. Python で解いた微分方程式の出力を以下に示します.

```
------------------------------------
微分方程式：v(t) + 1.0*Derivative(v(t), t) - 1.0 = 0
微分方程式の一般解：v(t) = C1*exp(-1.0*t) + 1.0
初期条件：v(0) = C1 + 1.0
微分方程式の解：v(t) = 1.0 - 1.0*exp(-1.0*t)
------------------------------------
```

Python のライブラリを用いており, 実際のプログラムでは常微分方程式の各項の係数を入力するだけで簡単に解くことができます. `Derivative(v(t), t)` は $\frac{dv(t)}{dt}$ のことです. `C1` は初期条件を求めるための定数で, これまでの議論で用いた A に相当します. 実際の値を入れず文字（R や C）のままでも微分方程式を解くことができます.

```
------------------------------------
微分方程式：C*R*Derivative(v(t), t) - E0 + v(t) = 0
微分方程式の一般解：v(t) = C1*exp(-t/(C*R)) + E0
初期条件：v(0) = C1 + E0
微分方程式の解：v(t) = E0 - E0*exp(-t/(C*R))
------------------------------------
```

RLC 直列共振回路の時間応答

図 2.8 に示す電池 E と閉スイッチにつながっている RLC 直列共振回路において，$t = 0$ でスイッチを閉じ，$t > 0$ における C の電圧 $v(t)$ を求めます．ここで，$t < 0$ において C に電荷は蓄えられておらず電流も流れていないものとします（つまり，$v(0) = 0$, $i(0) = 0$ です）．この回路は図 2.3 の交流電圧源 $e(t)$ を直流電圧源（電池）E に置き換え，閉スイッチを追加したものになります．したがって $t > 0$ におけるこの回路の微分方程式は，式 (2.11) で $e(t) \rightarrow E$ と置き換えたものになります．

$$LC\frac{d^2v(t)}{dt^2} + RC\frac{dv(t)}{dt} + v(t) = E \tag{2.21}$$

特殊解は表 2.1 より，$v_p(t) = B$（定数）として式 (2.21) に代入すると，$B = E$ が得られます．

次に，特性方程式（ここでは $LC\lambda^2 + CR\lambda + 1 = 0$）の解を求めますが，今回の場合のように，2 階（以上）の微分方程式では注意が必要です．というのも，特性方程式の判別式（ここでは $D = (CR)^2 - 4LC$）が，正かゼロか負で，特性方程式の解はそれぞれ，実数解，重解（実数），複素数解になり，同次方程式の一般解の関数形も変わります．それぞれの場合を見ていくことにします．

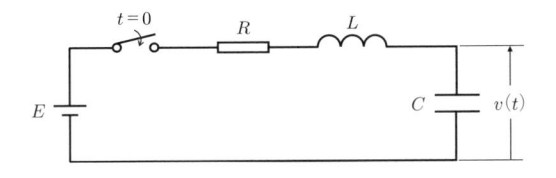

図 **2.8** RLC 直列共振回路.

(i) $D = (CR)^2 - 4LC > 0$ の場合

特性方程式の二つの解を $\lambda = \lambda_1, \lambda_2$ とします.

$$\lambda_1 = \frac{-CR + \sqrt{(CR)^2 - 4LC}}{2LC}, \ \lambda_2 = \frac{-CR - \sqrt{(CR)^2 - 4LC}}{2LC} \tag{2.22}$$

したがって, 微分方程式 (2.21) の解は以下の通りになります.

$$v(t) = A_1 e^{\lambda_1 t} + A_2 e^{\lambda_2 t} + E \tag{2.23}$$

ここで, A_1 と A_2 は定数で, 初期条件から求めます. $t < 0$ において C に電荷は蓄えられていないので, $v(0) = 0$ です. また, $i(0) = 0$ であり, $i(t)$ は C にも流れるので, $i(t) = C\frac{dv(t)}{dt}$ より $\frac{dv(t)}{dt} = v'(0) = 0$ となります. 式 (2.23) より, $v'(t) = \lambda_1 A_1 e^{\lambda_1 t} + \lambda_2 A_2 e^{\lambda_2 t}$ なので, それぞれの条件を代入すると, A_1 および A_2 に関する連立方程式が得られ, 解が求まります.

$$\begin{cases} v(0) = 0\colon A_1 + A_2 + E = 0 \\ v'(0) = 0\colon \lambda_1 A_1 + \lambda_2 A_2 = 0 \end{cases} \rightarrow A_1 = \frac{\lambda_2 E}{\lambda_1 - \lambda_2}, \ A_2 = -\frac{\lambda_1 E}{\lambda_1 - \lambda_2} \tag{2.24}$$

実際には, λ_1 および λ_2 の値を代入して最終的な解が求まります.

(ii) $D = 0$ の場合

特性方程式の解が $\lambda = \lambda_1 = \lambda_2 = -R/(2L)$ となるので, 微分方程式 (2.21) の解は $v(t) = A_1 e^{\lambda t} + A_2 e^{\lambda t} + E = (A_1 + A_2)e^{\lambda t} + E \rightarrow Ae^{\lambda t} + E$ ($A_1 + A_2 \rightarrow A$ と置き直しています) となってしまいます. これは同次方程式の基本解が一つしかないことを意味しており, もう一つ基本解をなんとかして見つけなければなりません. この場合は $te^{\lambda t}$ をもう一つの基本解とすると[3], 以下を一般解とすることができます.

$$v(t) = A_1 e^{\lambda t} + A_2 t e^{\lambda t} + E \tag{2.25}$$

---

[3] なぜ $te^{\lambda t}$ をもう一つの基本解とするのかは疑問かと思われます.（少し強引ですが）もう一つの基本解を $e^{\lambda t}$ に似た関数である $g(t)e^{\lambda t}$ ($g(t)$ は時間に依存する関数) とし非同次方程式に代入すると, $g(t) = t$ が得られます. 一般的に特性方程式が重解をもつとき, $te^{\lambda t}$, $t^2 e^{\lambda t}$ などを基本解として加えればよいことがわかっています.

$$\begin{cases} v(0) = 0: A_1 + E = 0 \\ v'(0) = 0: \lambda A_1 + A_2 = 0 \end{cases} \quad \rightarrow \quad A_1 = -E,\ A_2 = \lambda E \qquad (2.26)$$

(iii) $D < 0$ の場合

特性方程式の二つの解は共役な複素数となります.

$$\lambda_1 = \frac{-CR + j\sqrt{4LC - (CR)^2}}{2LC},\ \lambda_2 = \frac{-CR - j\sqrt{4LC - (CR)^2}}{2LC} \qquad (2.27)$$

これらの値を $D > 0$ の場合の解（式 (2.23)）にそのまま代入してもよいのですが，虚数単位が残るためどのような関数形になるか式を見ただけではわかりません．そこで，式を変形していくことにします．$\lambda_1 = \alpha + j\beta$ および $\lambda_2 = \alpha - j\beta$（つまり，$\alpha = -R/(2L)$, $\beta = \sqrt{4LC - (CR)^2}/(2LC)$）と置くと，式 (2.23) は以下の通りに式変形できます.

$$\begin{aligned} v(t) &= A_1 e^{\alpha t} e^{j\beta t} + A_2 e^{\alpha t} e^{-j\beta t} + E \\ &= (A_1 + A_2) e^{\alpha t} \cos \beta t + j(A_1 - A_2) e^{\alpha t} \sin \beta t + E \\ &\rightarrow A_1 e^{\alpha t} \cos \beta t + A_2 e^{\alpha t} \sin \beta t + E \end{aligned} \qquad (2.28)$$

1 行目から 2 行目の変形はオイラーの式を利用しています．この式から，振動しながら指数関数的に振幅が減衰して，最終的に E に近づいていくのがわかります．また，初期条件より A_1 および A_2 が以下の通り求められます.

$$\begin{cases} v(0) = 0: A_1 + A_2 + E = 0 \\ v'(0) = 0: \lambda_1 A_1 + \lambda_2 A_2 = 0 \end{cases} \quad \rightarrow \quad A_1 = \frac{\lambda_2 E}{\lambda_1 - \lambda_2},\ A_2 = -\frac{\lambda_1 E}{\lambda_1 - \lambda_2}$$

$$(2.29)$$

素子の値を代入して，$v(t)$ をグラフ化したものを図 2.9 に示します．R の値を変えることで，判別式の正，ゼロ，負を変えています．判別式が正の場合は $v(t) = E$ となるまでに 10[s] 程度かかっています．判別式がゼロ，負と近づくにつれて応答は早くなっていくのがわかりますが，負の場合は $v(t)$ が振動しているのがわかります.

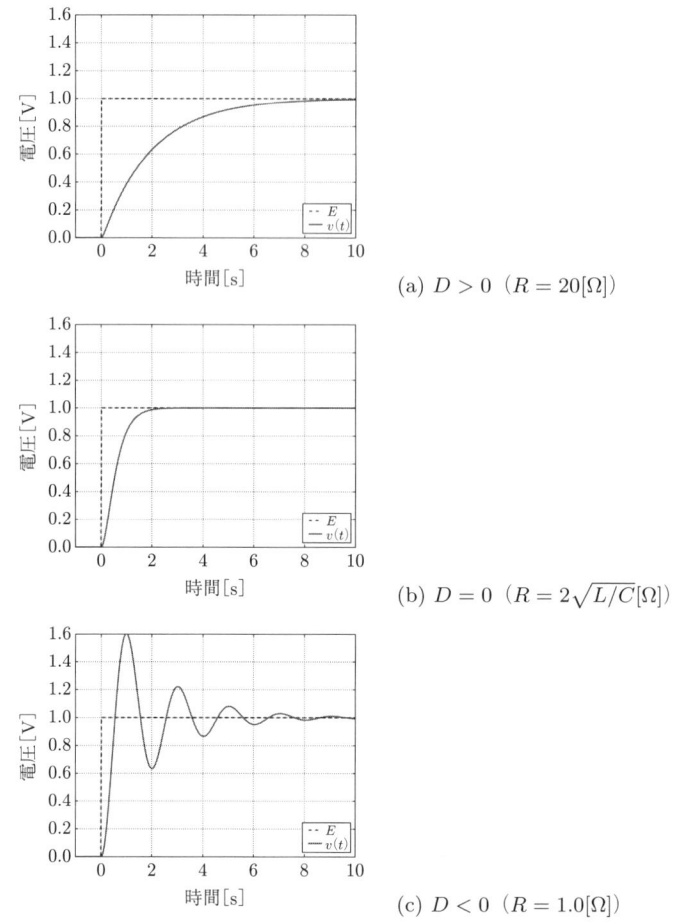

図 **2.9** RLC 共振回路の時間応答の一例. R の値を調整して判別式が (a) 正, (b) ゼロ, (c) 負の場合で得られた解をグラフ化しました. R 以外の値は, $C = 1.0 \times 10^{-1}$[F], $L = 1.0$[H], $E = 1.0$[V].

Python で数値計算した結果を示します.

```
------------------------------------
微分方程式：v(t) + 0.1*Derivative(v(t), t)
  + 0.1*Derivative(v(t), t, t) - 1.0 = 0
```

微分方程式の一般解： (1.0*C1*sin(sqrt(39)*t/2)
　+ 1.0*C2*cos(sqrt(39)*t/2) + 1.0*sqrt(exp(t)))/sqrt(exp(t))
初期条件：v(0) = 1.0*C2 + 1.0
初期条件：vd(0) = 0.5*sqrt(39)*C1 - 0.5*C2
　{C2: -1.00000000000000, C1: -0.160128153805087}
微分方程式の解：v(t) = (1.0*sqrt(exp(t))
　- 0.160128153805087*sin(sqrt(39)*t/2)
　- 1.0*cos(sqrt(39)*t/2))/sqrt(exp(t))

ここで vd は解 $v(t)$ の時間微分です．解（v(t)）の関数形が計算途中のように
見えますが，グラフ化すると正しいことがわかるかと思います．

問 2.2　図 2.10 の回路は $t < 0$ において直流定常状態にあります．$t = 0$ にお
いてスイッチを開きます．$t > 0$ におけるキャパシタ C の電圧 $v(t)$ に関する常
微分方程式とその解を求めてください．グラフもプログラムでつくってくださ
い．ただし，$E_0 = 1.0[V]$，$r = 1.0[\Omega]$，$R = 1.0[\Omega]$，$C = 1.0[F]$，$L = 1.0[H]$
とします．

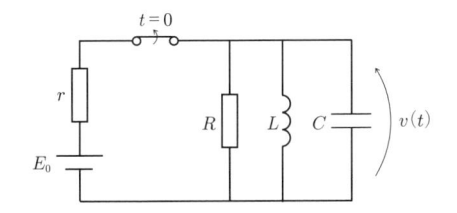

図 **2.10**　問 2.2 で
用いる回路．

問 2.3　図 2.11 の回路において，$t = 0$ においてスイッチを閉じます．電流
$i(t)$ $(t > 0)$ を求めてください．また，$E_0 = 1.0[V]$，$R_1 = R_2 = R_3 = 1.0[\Omega]$，
$C_4 = 1.0[F]$ のとき，$i(t)$ をグラフにしてください．

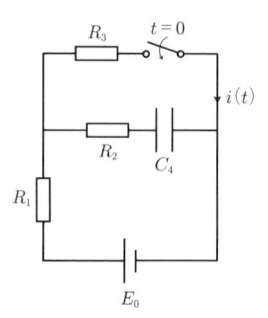

図 **2.11** 問 2.3 で
用いる回路.

2.5 初期条件の設定

関数の不連続点

　過渡応答における初期条件について考えてみます．その前に関数の不連続点
に関して，少し話をしなければなりません．図 2.12 に示すように，関数 $f(t)$ に
おいて，$t = a$ の点で関数に飛び，つまり不連続になっている点がある場合を考
えます．このような場合，$t < a$ から a に近づく場合と，$t > a$ から a に近づく
場合では $f(a)$ の値が異なります．$t < a$ から a に近づくときの $f(a)$ を $f(a^-)$，
$t > a$ から a に近づくときの $f(a)$ を $f(a^+)$ と表して，それぞれを区別するこ
とにします．また，$t < a$ と $t \leq a^-$，$t > a$ と $t \geq a^+$ は同じことを示します．

初期条件がわからない？

　過渡応答の問題を解く場合，スイッチをオン/オフするときは，電圧や電流の
値が不連続に変化しますが，その場合（初期条件）について考えてみましょう．
図 2.13 に示す回路において，時刻 $t = 0$ において二つのスイッチを同時に閉じ，

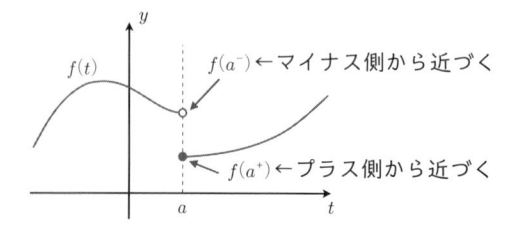

図 **2.12** 関数の不連続.

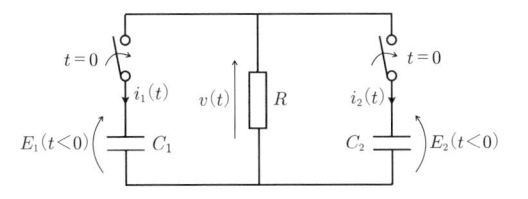

図 **2.13** 初期条件を考え
るための回路.

$t > 0$ における，抵抗 R の素子電圧 $v(t)$ およびキャパシタ C_1, C_2 の素子電流 $i_1(t)$, $i_2(t)$ を求めてみます．ただし，スイッチを閉じる前に双方のキャパシタは充電されており，C_1 および C_2 それぞれの電圧は E_1 および E_2 であったとします．$t > 0$ ではキャパシタと抵抗は並列接続になりそれぞれの素子すべてが $v(t)$ となります．節点における KCL 方程式は $i_1(t) + v(t)/R + i_2(t) = 0$ であり，キャパシタの素子特性を入力すると，以下の常微分方程式と解が得られます．

$$\frac{dv(t)}{dt} + \frac{1}{R(C_1 + C_2)} v(t) = 0$$
$$\rightarrow v(t) = A e^{-\frac{1}{R(C_1+C_2)} t} \quad (t > 0, \ A \ は定数) \tag{2.30}$$

定数 A は初期条件から求めますが，この場合の初期値が問題になります．スイッチが開いている $t < 0$ において $v(t) = 0$ なので，スイッチを閉じる直前の値は抵抗 R には電流が流れていないので $v(0^-) = 0$ です．スイッチを閉じた直後は $t > 0$ なので，**初期条件としては $v(0^+)$ を代入すべき**です．そこで，$v(0^+) = v(0^-) = 0$ と置くと，$A = 0$ が得られ，$v(t) = 0$ $(t > 0)$ となってしまいます．これは明らかにおかしいです．一方，C_1 と C_2，R は $t > 0$ では並列に接続されています．$v(0^+) = E_1$ と置いてみると $v(t) = E_1 e^{-\frac{1}{R(C_1+C_2)} t}$，$v(0^+) = E_2$ と置いてみると $v(t) = E_2 e^{-\frac{1}{R(C_1+C_2)} t}$ となり，初期条件の設定によって解が異なってしまいます．どちらも解としては正しくありません．このことから，$t = 0^+$ における値は $t = 0^-$ における値をそのまま使えない場合があるのがわかります．

そもそも回路図が異なる

図 2.13 は $t = 0$ で二つのスイッチを閉じる回路ですが，これを $t < 0$ と $t > 0$ の場合に分けて図示したものが図 2.14 になります．この回路図で示すように，

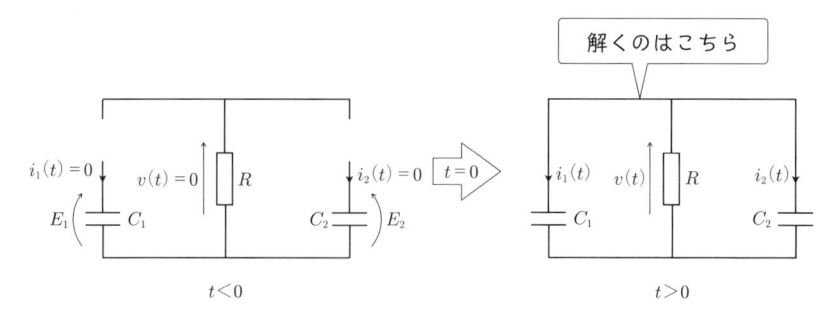

図 2.14 図 2.13 の回路を $t < 0$ と $t > 0$ で場合分けしたもの. 解くべき回路図は $t > 0$ です.

$t < 0$ と $t > 0$ では回路図が異なることを認識しなければなりません. 解くべき問題は右図, つまり $t > 0$ での微分方程式です. 一方, 初期条件としてわかっているのは, $t = 0^-$, つまり $t < 0$ での値です. 解くべき微分方程式は $t > 0$ のものなので, $v(0^-)$ を初期条件として用いることはできないのです. もちろん, $v(0^+) = v(0^-)$ となる場合もありますが, そうでない場合はなんとかして $v(0^+)$ を求めなければなりません[*4].

言い換えれば, 異なる回路図の値 ($t = 0^-$ での値) から, 求めたい回路図の初期条件 ($t = 0^+$ での値) を求めなければならないのです. $t = 0^-$ での値を**第一種初期条件**といい, $t = 0^+$ での値を**第二種初期条件**といいます.

$t = 0$ でジャンプが起こる

第一種初期条件と第二種初期条件の値が異なる状況をもう少し考えてみたいと思います. 図 2.14 右図 ($t > 0$) において, キャパシタ C_1 および C_2 の素子電圧をそれぞれ v_{C_1} および v_{C_2} とします. このとき, KVL 方程式は $v_{C_1} - v_{C_2} = 0$ となります. そこで, 図 2.15 に示すように, v_{C_1} を横軸, v_{C_2} を縦軸の変数とする 2 次元平面を考えてみましょう.

$t < 0$ ではキャパシタが充電されており, $v_{C_1} = E_1$, $v_{C_2} = E_2$ であることから, 図 2.15(a) の黒丸に状態があります. (E_1, E_2) の点は, 充電のやり方に

[*4] 数学では微分方程式が与えられ初期値 (例えば $v(0) = 0$) が与えられた場合は, これは暗に $t > 0$ での初期値, つまり, $v(0^+)$ のことをいっているのです. 数学ではそれでよいかもしれませんが, 電気回路では $v(0^-)$ から初期値 $v(0^+)$ を求めなければならないのです.

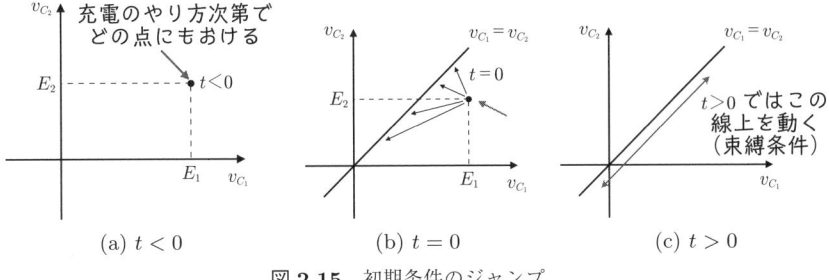

図 2.15　初期条件のジャンプ.

よっては $v_{C_2} - v_{C_1}$ 平面の自由な点に存在させることができます. 一方, $t > 0$ では KVL 方程式より得られる条件 $v_{C_2} = v_{C_1}$ を満たす必要があります. つまり, $t > 0$ では図 2.15(c) の直線上に状態が「束縛される」ことになります. 直線上のどの位置に状態があるかは他の条件にもよりますし, 時間とともに移動していきます. この場合は抵抗 R でエネルギーが消費されるので, 最終的には $v_{C_2} - v_{C_1}$ 平面の原点に行くことは直感的にわかります. つまり, スイッチを閉じた瞬間 ($t = 0$) に, 図 2.15(b) に示すように $v_{C_2} - v_{C_1} = 0$ を満たさなければならないという束縛条件にジャンプせざるをえなくなります. この結果, 電圧の初期値もジャンプしてしまいます. これを高速な過渡応答とよぶ場合があります. 図 2.13 の場合は, $v_{C_1}(0^+) = v_{C_2}(0^+) = v(0^+)$ を満たすように第二種初期条件が決まります.

第二種初期条件を求めるには

第一種初期条件と第二種初期条件が異なる原因は, 閉スイッチを閉じて閉路ができた瞬間において, $C_1 \to$ 閉スイッチ $\to$ 閉スイッチ $\to C_2$ の閉路において, 第一種初期条件の素子電圧の値では, $t = 0^+$ において KLV 方程式が成り立っていないためです. ですので $t > 0$ で KVL 方程式が成り立つようにしなければなりません. また, $t < 0$ において C_1 および C_2 に電圧が生じている (電荷が蓄えられている) ため, 第二種初期条件はそれに依存しているはずです.

第二種初期条件を求めるためには, キャパシタの電荷量が保存されていることを利用します. $t < 0$ ではトータルの電荷量は $C_1 E_1 + C_2 E_2$ で, スイッチを閉じた直後のトータルの電荷量は $C_1 v(0^+) + C_2 v(0^+)$ になります.

$$\underbrace{C_1 E_1 + C_2 E_2}_{t=0^- \text{での総電荷量}} = \underbrace{C_1 v(0^+) + C_2 v(0^+)}_{t=0^+ \text{での総電荷量}} \tag{2.31}$$

これらが等しいことから $v(0^+)$ が求まります[*5].

$$v(0^+) = \frac{C_1 E_1 + C_2 E_2}{C_1 + C_2} \tag{2.32}$$

解は以下の通りになりますが，スイッチを入れたあとの状態なので，解は $t > 0$ のときであることを認識しておく必要があります.

$$v(t) = \frac{C_1 E_1 + C_2 E_2}{C_1 + C_2} e^{-\frac{1}{R(C_1+C_2)}t} \ (t > 0) \tag{2.33}$$

ヘビサイド関数 $h(t)$（9 ページ）を用いて表現すれば，$-\infty < t < \infty$ の領域で解を表すことができます.

$$v(t) = \frac{C_1 E_1 + C_2 E_2}{C_1 + C_2} e^{-\frac{1}{R(C_1+C_2)}t} \cdot h(t) \tag{2.34}$$

ジャンプによって急峻な電流が流れる

式 (2.34) において，$t < 0$ では $v(t) = 0$ であることを表現するために $h(t)$ を用いています．キャパシタ C_1 に流れる電流 $i_1(t)$ $(-\infty < t < \infty)$ を得るには式 (2.34) を微分しますが，$h(t)$ を微分するので $i_1(t)$ にはデルタ関数 $\delta(t)$ が含まれます.

$$i_1(t) = \frac{C_1(C_1 E_1 + C_2 E_2)}{C_1 + C_2} e^{-\frac{1}{R(C_1+C_2)}t} \left(-\frac{h(t)}{R(C_1 + C_2)} + \delta(t) \right) \tag{2.35}$$

これはスイッチを入れた瞬間に急激に電流が流れることを意味します.

キャパシタ，電圧源，閉スイッチからなるループで初期値が異なる

電圧値にジャンプが起こる（第一種初期条件と第二種初期条件が異なる）ケースは，初期条件が必要になった時刻（通常は $t = 0$）において，回路内にキャパシタ，電圧源，閉スイッチからなるループが存在しているときです．仮に閉路内に抵抗かインダクタがあれば，それらの素子において KVL 方程式が成り立つような素子電流や素子電圧が生じてジャンプが生じません．言い換えれば $v(0^+) = v(0^-)$ としてよいのです.

[*5] 本書では扱いませんが，ラプラス変換を用いれば式 (2.31) の条件を用いなくても解を求めることができます.

別のケース：電流の初期値もジャンプする

　図 2.13 の回路では電圧の初期値が異なっていましたが，電流値の初期値が異なる場合もあります．図 2.16 左の回路において $t = 0$ においてスイッチを開き，$t > 0$ における電流値 $i_1(t)$ および $i_2(t)$ を求めてみます．$t > 0$ では，独立電流源 J と開スイッチは考えなくてよいので，図 2.16 右のような回路の問題を解くことになります．

　まずは第一種初期条件を求めます．$t < 0$ では，

$$
\begin{aligned}
&\text{KCL: } i_1(t) + i_2(t) - J = 0 \\
&\text{KVL: } L_1\frac{di_1(t)}{dt} + i_1(t)R_1 - i_2(t)R_2 - L_2\frac{di_2(t)}{dt} = 0
\end{aligned}
\tag{2.36}
$$

が成り立っていますが，J が一定であることから $i_1(t)$ も $i_2(t)$ も一定となり，インダクタの項はゼロと置けます．

$$
\begin{aligned}
&\text{KCL: } i_1(t) + i_2(t) - J = 0 \\
&\text{KVL: } i_1(t)R_1 - i_2(t)R_2 = 0
\end{aligned}
\tag{2.37}
$$

この 2 式より，第一種初期条件として，

$$
i_1(0^-) = \frac{R_2}{R_1 + R_2}J, \quad i_2(0^-) = \frac{R_1}{R_1 + R_2}J
\tag{2.38}
$$

が得られます．

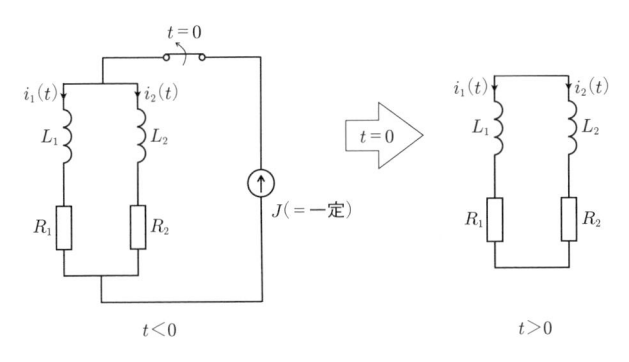

図 **2.16**　電流の初期条件が変わるケース．

$t > 0$（図 2.16 右）では KCL 方程式と KVL 方程式は以下の通りになります.

$$\text{KCL: } i_1(t) + i_2(t) = 0$$
$$\text{KVL: } L_1 \frac{di_1(t)}{dt} + i_1(t)R_1 - i_2(t)R_2 - L_2 \frac{di_2(t)}{dt} = 0 \tag{2.39}$$

J は接続されていません（つまり $J = 0$ で一定です）が, $t < 0$ でインダクタに流れていた電流によって, インダクタには磁束としてエネルギーが蓄積されているので, $t > 0$ における電流は時間依存性があります. そのためインダクタの項は省略できません. これらの式を変形すると以下の $i_1(t)$ に関する微分方程式が得られます.

$$\frac{di_1(t)}{dt} + \frac{R_1 + R_2}{L_1 + L_2} i_1(t) = 0 \tag{2.40}$$

特性方程式 $\lambda + \frac{R_1 + R_2}{L_1 + L_2} = 0$ より, $\lambda = -\frac{R_1 + R_2}{L_1 + L_2}$ ですので, 以下の解が得られます.

$$i_1(t) = A e^{-\frac{R_1 + R_2}{L_1 + L_2} t} \tag{2.41}$$

ここで, A は定数で初期条件から求める必要があります. 式 (2.39) の第 1 式より, $i_1(t) = -i_2(t)$ $(t > 0)$ となり, 大きさが同じ電流です. 一方, 第一種初期条件である式 (2.38) より, $i_1(0^-) \neq -i_2(0^-)$ ですので, $t > 0$ での第二種初期条件が第一種初期条件と異なるのは明らかです.

問 2.4　図 2.16 の回路において, インダクタ内の磁束（式 (1.25)）が保存されることを用いて $i_1(0^+)$ と A を求めてください.

KCL が成立しないときにジャンプが起こる

電流値の第一種初期条件と第二種初期条件でジャンプが生じるのは, KCL が成立しないときです（図 2.17）. 具体的には, 回路内のカットセット（23 ページ参照）にインダクタおよび電流源, 開スイッチが含まれているときにジャンプが生じます. 仮に閉路内に抵抗かキャパシタがあれば, その部分で素子電流や素子電圧が生じて, 飛びは生じません.

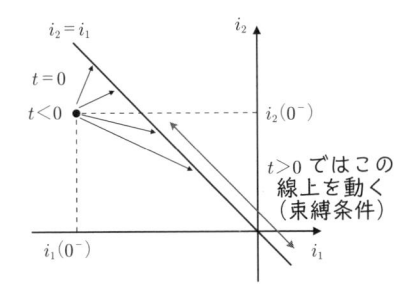

図 **2.17** 初期条件のジャンプ.

以下に第一種初期条件と第二種初期条件が異なる場合についてまとめます.

第一種初期条件と第二種初期条件が異なる場合

以下に示す場合には第一種初期条件と第二種初期条件の値が異なる.

1. キャパシタおよび電圧源,閉スイッチからなる閉路があるときの閉路内の素子電圧(下図左).このときキャパシタの電荷量が保存される.

2. インダクタおよび電流源,開スイッチからなるカットセットがあるときのカットセットの素子電流(下図右).このときインダクタの磁束が保存される.

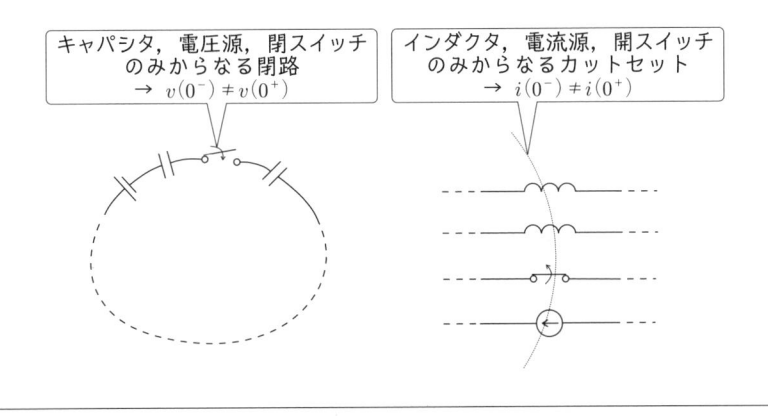

問 2.5 図 2.18 の回路図において,$t = 0$ でスイッチを閉じます.直流電源 E_0 が供給する電流 $i(t)$ $(-\infty < t < \infty)$ を求めてください.ただし,$t < 0$ において C_1 および C_2 には電荷はないものとします.

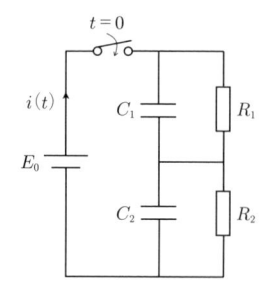

図 **2.18**　問 2.5 の回路.

第3章

交流定常状態と複素インピーダンス

単一周波数の交流定常状態では，常微分方程式を用いずとも回路の問題を解くことができます．この解法で重要な考えが複素インピーダンスです．

3.1　フェーザ法の導出

常微分方程式で集中定数回路はすべて解ける

集中定数の問題を解くには，第2章で説明した通り，KVL方程式とKCL方程式，素子特性から常微分方程式をつくり解を求めます．そういう意味では，現時点において，みなさんはすべての集中定数回路の問題に対応できます．

一方で，常微分方程式は集中定数回路をよく表したモデルであることに間違いないのですが，実際に解く場合に不便なところもあります．簡単なRLCを直列につなげた回路であっても，2階の常微分方程式を解かなければなりません．さらにキャパシタやインダクタが増えていくと，常微分方程式の階数が増え，特性方程式を解くことは困難になる場合が多くなります．

交流定常状態ではフェーザ法

非同次形の常微分方程式を解くのは難しいですが，交流定常状態（図1.3(a)）の場合は状況が変わってきます．交流定常状態では振幅と位相だけを求めるこ

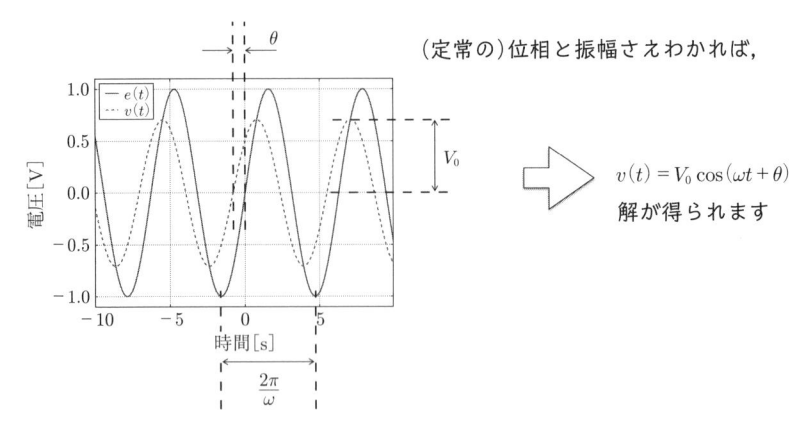

図 3.1　フェーザ法では微分方程式を使わず電気回路の問題を解きます.

とができれば解が得られます（図 3.1）. この場合, 素子電圧や素子電流が正弦波で時間変化していますが, 振幅や位相は一定です（だから「定常」という言葉を使います）.

常微分方程式の解は時間変化を求めますが, 交流定常状態の問題を解く場合, そもそも解となる時間変化の関数形としては正弦波形であるのはわかっています. しかも初期条件もありません. これは微分方程式を解くという観点からすると, 交流定常状態はある意味特殊な状況かもしれません. 本章で説明するフェーザ法は, 常微分方程式を用いず交流定常状態の問題（ただし回路内には異なる周波数の電源が含まれてはいけません）を解く方法です.

時間変化する項なしで計算していた!?

フェーザ法の考え方を理解するために, 交流定常状態を常微分方程式を用いて解く場合を再度見直してみます. 交流定常状態における RC 直列回路（43 ページ）や RLC 直列共振回路（44 ページ）における式変形を見てください. 特殊解を常微分方程式に代入して計算する途中において, $e^{j\omega t}$ の項を打ち消しており, 実際の振幅や位相の計算には $e^{j\omega t}$ は用いられていません. 最終的に得られる解は時間変化しているにもかかわらず, 振幅と位相を求めるには, 振動の項である $e^{j\omega t}$ は計算には必要ないのです.

例えば, ある素子の電圧が $v(t) = V_m \cos(\omega t + \phi)$ であったとします. ここで,

$v(t) = V_m \cos(\omega t + \phi) \rightarrow V_m e^{j(\omega t + \phi)} \rightarrow V_m e^{j\phi} e^{j\omega t} = V(j\omega) e^{j\omega t}$ と書き換え
ます．ポイントは時間変化する $e^{j\omega t}$ とそうでない一定値の $V(j\omega)(= V_m e^{j\phi})$
に分けているところです．RC 直列回路や RLC 直列共振回路の計算からもわか
りますが，$V(j\omega)$ には振幅と位相の情報が含まれています（時間 t が含まれて
いないことに注意してください）．そこで，$e^{j\omega t}$（瞬時値）は計算せず，$V_m(j\omega)$
だけで議論を進める考えがフェーザ法です．フェーザ法を用いて回路の状態を
表すことをフェーザ表示といいます．

フェーザ表示では振幅は実効値で表すのが一般的

　電気回路の交流定常状態において，信号の大きさを表すには振幅 $V_m(>0)$ で
はなく，実効値 $V_e(= V_m/\sqrt{2})$ を使うことが一般的です[*1]．もちろん，V_m を
使用してもまったく問題はないのですが，後述する交流定常状態における電力
を考えるときの表現とつじつま合せのために実効値を採用しています．注意し
なければならないのは，計算を行ってフェーザ表示の振幅を求めてから瞬時値
に戻す際，振幅に $\sqrt{2}$ を掛けることを忘れないようにしなければなりません．

┌─ **フェーザ法** ──────────────────────

　交流定常状態において $v(t)$ を

$$v(t) = V_m \cos(\omega t + \phi) \rightarrow V(j\omega) = V_e e^{j\phi} \tag{3.2}$$

と表して計算する方法をフェーザ法という．ただし，V_e は実効値（$V_e = V_m/\sqrt{2}$）．cos 関数が sin 関数であっても同様に考えることができる．

└──────────────────────────────────

　フェーザ法では式 (3.2) のように取り扱うとしても，いままでの説明では常
微分方程式の両辺にあった $e^{j\omega t}$ を打ち消して，振幅と位相の計算ができると述

[*1] ある時間に依存する量 $v(t)$ の実効値は，

$$V_{\mathrm{rms}} = \sqrt{\frac{1}{T} \int_0^T \{v(t)\}^2 dt} \tag{3.1}$$

で与えられます．$v(t)$ が単一周波数の正弦波の場合，実効値が振幅の $1/\sqrt{2}$ となるのは，
高校の数学で学んだかと思います．

べただけです．次に説明するように，微分方程式ではなくそれぞれの素子特性において同じ考えを適用していくことで，フェーザ法の利点がわかってきます．

問 3.1　以下の瞬時値表示をフェーザ表示に，フェーザ表示を瞬時値表示にしてください．

1. $10\cos(2t + \pi/2)$
2. $\sin(10t)$
3. $2e^{j\frac{\pi}{4}}$　（$\omega = 1[\mathrm{rad/s}]$ とする）

フェーザ表示におけるキャパシタの電圧–電流特性

キャパシタにかかる交流電圧が $v(t) = V_m e^{j\omega t} = \sqrt{2}V_e e^{j\omega t}$ であったとします．キャパシタの電圧–電流特性は $i(t) = C dv(t)/dt$ で与えられていますので，電圧を入力してみます．

$$
\begin{aligned}
i(t) &= C\frac{dv(t)}{dt} \\
&= \sqrt{2}j\omega C V_e e^{j\omega t}
\end{aligned}
\tag{3.3}
$$

この式はキャパシタの素子電流を表していますが，$\sqrt{2}j\omega C V_e$ は，素子電流の振幅（$= I_m = \sqrt{2}I_e$，I_e は素子電流の振幅の実効値）になります．つまり，$I_e = j\omega C V_e$ と置くことができます．添字の e は振幅の実効値を表しているだけなので，V もしくは I と置き直します（今後，交流定常状態では添字の e がなくても実効値を表していることにします）．そうすると，交流定常状態におけるキャパシタの電圧と電流の間には以下の関係があるといえます．

$$
V = \frac{1}{j\omega C}I
\tag{3.4}
$$

この関係式はフェーザ表示でのキャパシタの電圧–電流特性になります．

j の存在が位相の変化を意味する

式 (3.4) には微分の項がありません．その代わり式の中に j があります．$\frac{1}{j} = -j = \cos(-\pi/2) + j\sin(-\pi/2) = e^{-j\frac{\pi}{2}}$（オイラーの式を適用）であることか

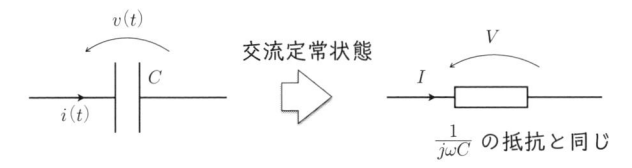

図 3.2 交流定常状態ではキャパシタは $1/(j\omega C)$ の抵抗のように扱うことができます.

ら,$V = \frac{1}{\omega C} I e^{-j\frac{\pi}{2}}$ となります.これは,電圧の位相が電流よりも $\pi/2$ 遅れていることを意味します.つまり,**虚数や複素数が位相のずれを表しているのです**[*2].

直流の抵抗のように扱える

式 (3.4) の次元を考えると,V は電圧,I は電流であることから,$1/(j\omega C)$ の部分は抵抗と同じ次元でなければなりません.V と I は(交流定常状態の振幅なので)一定であることから,式 (3.4) は,中学校や高校で学んだ直流回路の関係式(つまり $V = RI$)と同じように取り扱えることを意味しています(図 3.2).j が含まれているので,実際の計算は少し面倒かもしれません.ただ,**この関係は交流定常状態でなければ成り立たないことに注意してください**.

インダクタのフェーザ表示

次にインダクタを考えてみます.$i(t) = I_m e^{j\omega t} = \sqrt{2} I_e e^{j\omega t}$ と置き,インダクタの電圧–電流の関係式に代入します.

$$\begin{aligned}
v(t) &= L\frac{di(t)}{dt} \\
&= \sqrt{2} j\omega L I_e e^{j\omega t} \\
&= \sqrt{2} \omega L I_e e^{j\left(\omega t + \frac{\pi}{2}\right)}
\end{aligned} \tag{3.5}$$

キャパシタの場合(式 (3.3))の場合と同様に考えると,電圧が $\pi/2$ 進んでいることを j で表現できていることが確認できます.さらに,

---

[*2] 回路だけではなく,電磁気学や固体物性,量子力学などで出てくる虚数単位は位相のずれを意味します.

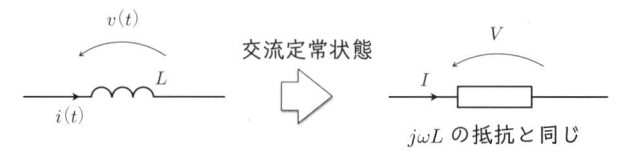

図 3.3　交流定常状態ではインダクタは $j\omega L$ の抵抗のように扱うことができます.

$$V = j\omega LI \tag{3.6}$$

の関係が得られます. つまり, フェーザ表示ではインダクタはあたかも $j\omega L$ の抵抗の直流回路のように考えることができます (図 3.3).

抵抗と電源のフェーザ表示

抵抗の場合, 電圧と電流は比例関係 ($v(t) = Ri(t)$) ですので, 以下の関係式が得られます.

$$V = RI \tag{3.7}$$

電源の場合も素子の場合と同様に考えます. 例えば, $e(t) = E_m \cos(\omega t + \theta)$ は $e(t) \to E_m e^{j\theta}$ と置きます. 電流源も同じように行います.

フェーザ表示でも成り立つ KVL と KCL

これまでフェーザ表示における素子特性について説明しましたが, KVL と KCL も成り立ちます. 例えば, 交流定常状態にある回路において, その回路の一つのループに含まれる素子が n 個で, その素子電圧が $v_k(t) = V_k \cos(\omega t + \theta_k)$ ($k = 1, 2, \cdots, n$, $V_k > 0$) であるとします. これは, 瞬時値の複素数表示では $v_k(t) = V_k e^{j\theta_k} e^{j\omega t}$ と表すことができます. これを KVL 方程式に代入します.

$$v_1(t) + v_2(t) + \cdots + v_n(t) = V_1 e^{j\theta_1} e^{j\omega t} + V_2 e^{j\theta_1} e^{j\omega t} + \cdots + V_n e^{j\theta_n} e^{j\omega t} = 0 \tag{3.8}$$

共通にある $e^{j\omega t}$ を消去し, 実効値を示す $1/\sqrt{2}$ を掛けると, 以下の通りフェーザ表示における KVL が得られます.

$$\frac{V_1}{\sqrt{2}} e^{j\theta_1} + \frac{V_2}{\sqrt{2}} e^{j\theta_2} + \cdots + \frac{V_n}{\sqrt{2}} e^{j\theta_n} = 0 \tag{3.9}$$

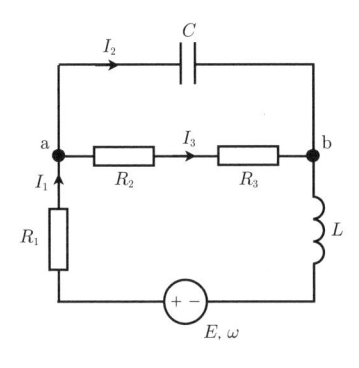

図 **3.4**　交流定常状態でも KVL と KCL は成り立ちます.

　次に, KCL がフェーザ表示で成り立つことを示します. 回路内のある節点に, n 個の素子が接続されているとします. それぞれの素子電流を $i_k(t) = I_k \cos(\omega t + \theta_k)$ $(k = 1, 2, \cdots, n,\ I_k > 0)$ とすると, 瞬時値の複素数表示では $i_k(t) = I_k e^{j\theta_k} e^{j\omega t} = I_k(j\omega) e^{j\omega t}$ となります. これを KCL 方程式に代入します.

$$i_1(t) + i_2(t) + \cdots + i_n(t) = I_1 e^{j\theta_1} e^{j\omega t} + I_2 e^{j\theta_1} e^{j\omega t} + \cdots + I_n e^{j\theta_n} e^{j\omega t} = 0$$
$$\rightarrow I_1 e^{j\theta_1} + I_2 e^{j\theta_2} + \cdots + I_n e^{j\theta_n} = 0$$
$$\frac{I_1}{\sqrt{2}} e^{j\theta_1} + \frac{I_2}{\sqrt{2}} e^{j\theta_2} + \cdots + \frac{I_n}{\sqrt{2}} e^{j\theta_n} = 0$$

$$(3.10)$$

このように, 瞬時値で成り立っている KVL や KCL は, フェーザ表示においても成り立っていることがわかります.

　例題として, 交流定常状態にある図 3.4 の回路図で KVL 方程式と KCL 方程式をつくってみます. 独立電圧源 E は正負が明記されています. 交流定常状態でも電源に正負の文字かもしくは矢印で電圧の向きを考えます. これは位相の基準を決めるためです.

　上述した通り, キャパシタとインダクタはそれぞれ $1/(j\omega C)$ と $j\omega L$ の抵抗のように取り扱えばよいので, この回路において考えられる KVL 方程式 (フェーザ表示) は以下の通りになります.

$$E - R_1 I_1 - \frac{1}{j\omega C} I_2 - j\omega L I_1 = 0 \qquad (3.11a)$$

$$E - R_1 I_1 - R_2 I_3 - R_3 I_3 - j\omega L I_1 = 0 \tag{3.11b}$$

$$-\frac{1}{j\omega C}I_2 + R_2 I_3 + R_3 I_3 = 0 \tag{3.11c}$$

節点 a における KCL 方程式は以下の通り与えられます（節点 b も同じ結果が得られます）．

$$-I_1 + I_2 + I_3 = 0 \tag{3.12}$$

フェーザ法のまとめ

以上の議論をまとめます．

┌─ フェーザ表示における素子の表示方法 ─────────────

抵抗（コンダクタンス）：$V = RI \; (I = GV)$ $\tag{3.13}$

キャパシタ：$V = \dfrac{1}{j\omega C}I$ $\tag{3.14}$

インダクタ：$V = j\omega L I$ $\tag{3.15}$

KVL：$\displaystyle\sum_k V_k e^{j\theta_k} = 0$ $\tag{3.16}$

KCL：$\displaystyle\sum_k I_k e^{j\theta_k} = 0$ $\tag{3.17}$

└─────────────────────────────────────

（ただし，j は虚数単位，V や I は実効値）

RC 直列回路をフェーザ法で解く

交流定常状態における RC 直列回路（43 ページ）をフェーザ法を用いて解いてみます．フェーザ表示では電圧源が $E(= E_0/\sqrt{2})$ になります．未知数であるキャパシタの電流と電圧を I と V とすると，フェーザ表示の KVL は以下で与えられます．

$$E - RI - V = 0 \tag{3.18}$$

キャパシタの電圧−電流は $V = \dfrac{1}{j\omega C}I$ ですので，$I = j\omega C V$ と置き直し，KVL に代入して I を消去します．$E - j\omega R C V - V = 0$ が得られ，V が以下のよう

に求まります.

$$V = \frac{E}{1 + j\omega RC} \tag{3.19}$$

これがフェーザ表示でのキャパシタ電圧になります. ここから絶対値と偏角を以下の通り求めます.

$$|V| = \frac{E}{\sqrt{1 + (\omega RC)^2}}, \quad \angle V = -\tan^{-1}(\omega RC) \tag{3.20}$$

よって解（瞬時値）は以下の通りになります.

$$v(t) = \frac{E_0}{\sqrt{1 + (\omega RC)^2}} \cos(\omega t + \theta), \quad \theta = -\tan^{-1}(\omega RC) \tag{3.21}$$

これは, 常微分方程式を用いて求めた答え（44 ページ）と同じです.

　フェーザ法では微分方程式を使わないので, 複素数を含む連立方程式を解いていることになります. コンピュータを用いれば簡単に解くことができます. 解くべき方程式は $E - RI - V = 0$ と $I = j\omega CV$ で, V と I が解くべき変数です. Python でつくったプログラムの出力を示します.

```
------------------------------------
V = E/(I*C*R*w + 1)
絶対値：|V|  =  Abs(E)/sqrt(C**2*R**2*w**2 + 1)
偏角：Arg(V)  =  arg(E/(I*C*R*w + 1))
------------------------------------
```

ここで, Python のライブラリの関係で I が虚数単位です. w は ω のことです. V と $|V|$ は計算してくれていますが, 偏角 $\angle V$（上では Arg(V)）は（文字式だからでしょうか）計算してくれていません.

　プログラムで実際に数値を入れてみると, 連立方程式を解いて偏角も計算してくれます.

```
------------------------------------
V = 0.5 - 0.5*I
絶対値：|V|  =  0.707106781186548
偏角：Arg(V)  =  -pi/4
------------------------------------
```

ここで, $E = 1.0[\mathrm{V}]$, $R = 1.0[\Omega]$, $C = 1.0[\mathrm{F}]$, $\omega = 1.0[\mathrm{rad/s}]$ としています.

問 3.2 RLC 直列共振回路 (44 ページ) の問題をフェーザ法を用いて解き, 解が同じになることを確認してください. また, プログラムをつくって解いてください.

3.2 複素インピーダンスと複素アドミタンス

交流定常状態と複素インピーダンス

図 3.5 に示すように, 交流定常状態にある複数の素子からなる回路を考えます. この回路の端子間の電圧と電流 (フェーザ) をそれぞれ V と I とします (KCL より回路から流れ出る電流も I です). V/I は抵抗の次元をもちますが, 一般的には複素数になります. これを通常 $Z(j\omega)$ で表し, **複素インピーダンス**といいます. つまり, $V = Z(j\omega)I$ の関係が成り立ちます. 最も簡単な例は, 回路が抵抗もしくはキャパシタ, インダクタだけの場合で, それぞれの複素インピーダンスは R および $1/(j\omega C)$, $j\omega L$ となります.

複素インピーダンスの合成

(証明は省略しますが) 抵抗の合成 (21 ページおよび 23 ページ) の場合と同じように, 複素インピーダンスの計算が可能です. 例えば, 図 3.6 に示す RLC 直列および並列共振回路の複素インピーダンス Z_1 および Z_2 を求めてみましょう. 抵抗の合成と同様に考えればよいので, その通り計算します.

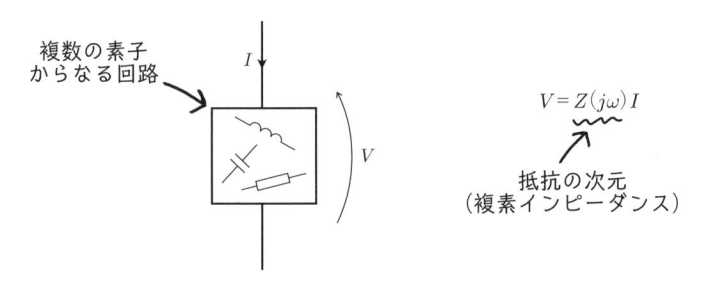

図 3.5 交流定常状態で抵抗の次元をもつ量のことを複素インピーダンスといいます.

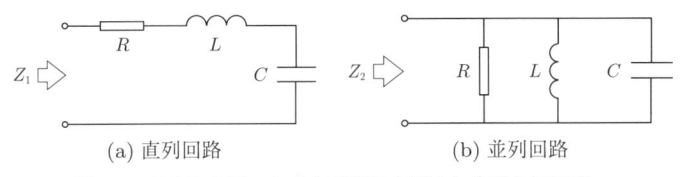

(a) 直列回路　　　　　　　　　(b) 並列回路

図 **3.6** RLC を用いた (a) 直列および (c) 並列共振回路.

まず，直列共振回路（図 (a)）はそれぞれの複素インピーダンスを足し合せれば求めることができます．

$$Z_1 = R + j\omega L + \frac{1}{j\omega C} = R + j\left(\omega L - \frac{1}{\omega C}\right) \tag{3.22}$$

並列回路（図 (b)）の場合は逆数を足し合せることで求まります．

$$\frac{1}{Z_2} = \frac{1}{R} + \frac{1}{j\omega L} + j\omega C = \frac{1}{R} + j\left(\omega C - \frac{1}{\omega L}\right) \tag{3.23}$$

複素インピーダンス $Z(j\omega)$ の逆数を**複素アドミタンス**といい，通常 $Y(j\omega)(= 1/Z(j\omega)$ で表します．複素インピーダンスも複素アドミタンスも複素数ですので，それぞれ実部と虚部があります．

問 3.3　図 3.7(a)(b) それぞれの回路において，独立電圧源 $e(t)$ が出力する電流の実効値を求めなさい．

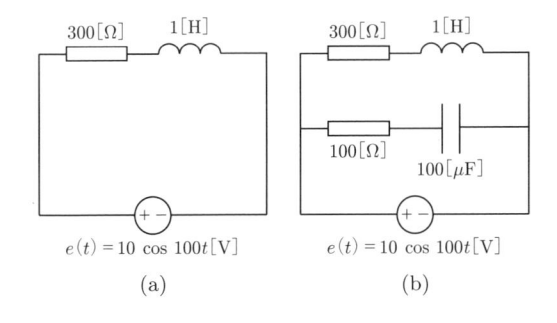

(a)　　　　　　　　　(b)　　　　　図 **3.7**　問 3.3 の回路.

複素インピーダンスのまとめ

次にまとめた通り，複素インピーダンスと複素アドミタンスの実部と虚部にはそれぞれに名前がついており，回路の問題を解くときに知っておく必要があ

ります.

┌─ **複素インピーダンスと複素アドミタンスのまとめ** ───────

$$V = Z(j\omega)I \tag{3.24}$$

$$I = Y(j\omega)V \tag{3.25}$$

のとき，$Z(j\omega)$ を複素インピーダンスといい，$Y(j\omega)(= 1/Z(j\omega))$ を複素アドミタンスという.

$$Z(j\omega) = R(\omega) + jX(\omega) \tag{3.26}$$

として表されるとき，$R(\omega)$ を抵抗，$X(\omega)$ をリアクタンスといい，

$$Y(j\omega) = G(\omega) + jB(\omega) \tag{3.27}$$

として表されるとき，$G(\omega)$ をコンダクタンス，$B(\omega)$ をサセプタンスという. $X(\omega) > 0$ のとき誘導性，$X(\omega) < 0$ のとき容量性という.

└────────────────────────────────────

　ここで，誘導性と容量性について説明しておく必要があります. 誘導性は英語で inductive であり，インダクタみたいなことを意味します. 反対に，容量性は英語で capacitive であり，キャパシタみたいなことを意味します. つまり，$X(\omega)$ は正負でインダクタのようにふるまうのか，キャパシタのようにふるまうのかを示しています. つまり，虚数も含めて考えると，$jX(\omega)$ と $j\omega L$ の $X(\omega)$ と ωL が対応しています（常に $L > 0$ です）. $X(\omega)$ が負の場合，$X(\omega) = -|X(\omega)|$ なので，これも虚数も含めて考えます. $jX(\omega) = -j|X(\omega)| = |X(\omega)|/j$ となり，$|X(\omega)| = 1/(\omega C)$ と考えれば，キャパシタに対応することがわかります. $X(\omega)$ の正負のどちらが誘導性か容量性かを混乱するときがありますが，このように考えると覚えなくても導けます.

─────────────────────────────────────

問 3.4　図 3.8 の交流定常状態の回路において，E と I が同相であるための角周波数を求めてください.

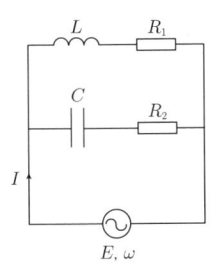

図 **3.8**　問 3.4 の回路.

3.3　交流定常状態で消費されるエネルギー

交流定常状態における瞬時電力

　瞬時電力は 1.7 節で説明した通り，$p(t) = v(t)i(t)$ で定義されます．この式は交流においても成り立ちます．また，複数の素子からなる回路が図 3.5（72 ページ）のように，あたかも一つの素子のように描かれている場合も，その回路での瞬時電力として定義することができます．そこで，（一般論として）ある素子（もしくは回路）の電圧 $v(t)$ と電流 $i(t)$ がそれぞれ，

$$v(t) = V_m \cos(\omega t + \theta_v), \qquad i(t) = I_m \cos(\omega t + \theta_i) \tag{3.28}$$

であったとします．ここで θ_v と θ_i は位相を表します．このときの瞬時電力 $p(t)$ を計算します．

$$\begin{aligned} p(t) &= V_m \cos(\omega t + \theta_v) \times I_m \cos(\omega t + \theta_i) \\ &= \frac{V_m I_m}{2} \{\cos(2\omega t + \theta_v + \theta_i) + \cos(\theta_v - \theta_i)\} \end{aligned} \tag{3.29}$$

式 (3.29) の第 1 項は瞬時電力が倍の周波数（2ω）で振動しているため，この項でエネルギーが消費されることはありません．

　第 2 項は定数ですが位相差に依存しており，この項でエネルギーを消費しているのかどうかが決まります．素子電圧と素子電流の位相差（$\theta = \theta_v - \theta_i$）を変えてグラフにしたものが図 3.9 になります．図 (a) には $\theta = \theta_v - \theta_i = \pi/4$ の場合で，(b)，(c)，(d) にそれぞれ抵抗（$\theta = 0$），キャパシタ（$\theta = -\pi/2$），インダクタ（$\theta = \pi/2$）の場合を示しています．また，このグラフでは $p(t) > 0$

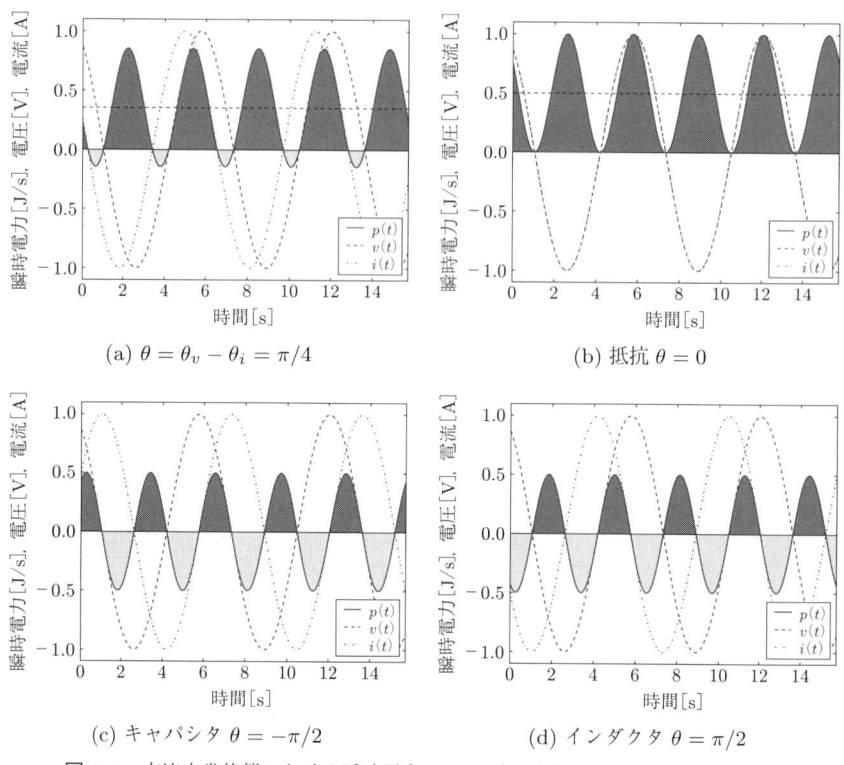

(a) $\theta = \theta_v - \theta_i = \pi/4$

(b) 抵抗 $\theta = 0$

(c) キャパシタ $\theta = -\pi/2$

(d) インダクタ $\theta = \pi/2$

図 3.9　交流定常状態における瞬時電力 $p(t)$ の時間変化. 同時に電圧 $v(t)$ と電流 $i(t)$ も示しています. (a) 電圧 $v(t)$ と電流 $i(t)$ の位相差が $\pi/4$ の素子, (b) 抵抗, (c) キャパシタ, (d) インダクタ. $p(t) > 0$ および $p(t) < 0$ において, それぞれ濃・淡のグレーで塗りつぶしています.

を濃いグレーで, $p(t) < 0$ を淡いグレーで塗りつぶしています. $p(t) > 0$ の場合（濃いグレー）は素子でエネルギーを消費している（もしくは蓄えている）, $p(t) < 0$ の場合（淡いグレー）はエネルギーを素子から供給していると定義しています.

　濃淡の割合は θ, つまり $p(t)$ の振動の中心位置に依存しているので, そこから素子のエネルギー消費のふるまいがわかります. 図 3.9(a) のような $p(t)$ では, 濃いグレーの面積が淡いグレーの面積より大きくなっています. これは, 1 周期あたり, 濃いグレーの面積から淡いグレーの面積を差し引いた分が消費され, 熱や音などその他のエネルギーに変換されて回路から放出されていることが予

想されます. 一方, 淡いグレーの面積分は消費されず電源に戻っていきます.

　抵抗 (図 3.9(b)) の場合, 素子電圧と素子電流の位相差がゼロであることから常に $p(t) \geq 0$ になっています. 言い換えれば, 抵抗にエネルギーを蓄えることはできません. すべて他のエネルギーに変換されてしまいます. キャパシタ (図 3.9(c)) やインダクタ (図 3.9(d)) は濃淡の面積が同じであることから, エネルギーを蓄えることはできるものの, 素子自体がエネルギーを消費することはできないことを意味しています.

力率：交流定常状態では電力を時間平均で考える

　交流定常状態では瞬時電力 $p(t)$ も時々刻々と周期的に変化しています. またキャパシタやインダクタではエネルギーの蓄積や放出が周期的に繰り返されています. そこで交流定常状態では, 瞬時電力 $p(t)$ ではなく 1 周期あたりの瞬時電力の平均 (**平均電力 P_{ave}**) で考えることにします. 実際に式 (3.29) から平均電力を計算をすると次式が得られます.

$$
\begin{aligned}
P_{\mathrm{ave}} &= \frac{1}{T} \int_0^T \frac{V_m I_m}{2} \{\cos(2\omega + \theta_v + \theta_i) + \cos(\theta_v - \theta_i)\} dt \\
&= \frac{V_m I_m}{2} \cos\theta = V_e I_e \cos\theta \quad (\theta = \theta_v - \theta_i)
\end{aligned}
\tag{3.30}
$$

　このように, 交流定常状態では, どれくらいエネルギーが素子で消費されるかは, 素子の電圧や電流の振幅だけでなく, 位相 $\theta(= \theta_v - \theta_i)$ にも依存することがわかります. $P_{\mathrm{ave}} = V_e I_e \cos\theta$ は実際に素子で消費される電力であることから, **有効電力** (単位 [W]) ともいわれます.

　有効電力は位相に依存していることから, $\theta = 0, 2\pi, 4\pi, \cdots$ のときにエネルギーが最大, つまり最大の仕事の効率が得られます. 一方, $\theta = \pi/2, 3\pi/2, 5\pi/2, \cdots$ のときはエネルギーが消費されません. つまり, 素子に仕事をさせたいと思い電圧や電流を上げても, $\theta = \pm\pi/2$ の値に近いと素子は仕事をしてくれません. θ がその素子の仕事の効率を左右しているのです. そこで素子の仕事の効率を示す量として, $\cos\theta$ を**力率**として定義します. 力率の最大値は 1 $(\theta = 0, 2\pi, 4\pi, \cdots)$, 最小値はゼロ $(\theta = 1/2, 3\pi/2, 5\pi/2, \cdots)$ です. キャパシタとインダクタでは θ がそれぞれ $-\pi/2$ と $\pi/2$ ですので, 力率はゼロとなり仕事をしないことがわかります.

有効電力と無効電力

　ここで，交流定常状態における瞬時電力の式（式 (3.29)）を少し変形してみます．具体的には，$\cos\theta$ と $\sin\theta$（$\theta = \theta_v - \theta_i$）の項が現れるようにし，それぞれを $p_1(t)$ と $p_2(t)$ と置くことにします．

$$
\begin{aligned}
p(t) &= \frac{V_m I_m}{2}\{\cos(2\omega t + \theta_v + \theta_i) + \cos(\theta_v - \theta_i)\} \\
&= \underbrace{V_e I_e\{1 + \cos(2\omega t + 2\theta_i)\}\cos\theta}_{p_1(t)} \underbrace{-V_e I_e \sin(2\omega t + 2\theta_i)\sin\theta}_{p_2(t)}
\end{aligned} \tag{3.31}
$$

それぞれの平均電力を計算してみます．

$$
\frac{1}{T}\int_0^T p_1(t)dt = V_e I_e \cos\theta = P_{\text{ave}}, \quad \frac{1}{T}\int_0^T p_2(t)dt = 0 \tag{3.32}
$$

式 (3.30) との比較より，素子で消費されているのは $p_1(t)$ からの寄与のみであることがわかります．このことから，77 ページで計算した $P_{\text{ave}} = V_e I_e \cos\theta$ を有効電力とよんでいるのです．一方，$p_2(t)$ は電源から供給されてそのまま電源に戻っていきます（つまり，仕事はしていないということです）．有効電力 $V_e I_e \cos\theta$ に対して，$p_2(t)$ の振幅に相当する $V_e I_e \sin\theta (= P_r)$ を無効電力とよびます．

複素インピーダンスと電力

　フェーザ表示において，電圧 V，電流 I，インピーダンス Z には $V = ZI$ の関係がありますが，$V = V_e e^{j\theta_v}$（$V_e > 0$），$I = I_e e^{j\theta_i}$（$I_e > 0$）であったとすると，複素インピーダンスは以下の式で表されます．

$$
Z = \frac{V_e}{I_e}e^{j(\theta_v - \theta_i)} = \frac{V_e}{I_e}e^{j\theta} = \underbrace{\frac{V_e}{I_e}\cos\theta}_{R(\omega)} + j\underbrace{\frac{V_e}{I_e}\sin\theta}_{X(\omega)} \tag{3.33}
$$

　$\theta = \theta_v - \theta_i$ はインピーダンスの偏角に等しいことがわかります．この結果を用いて，有効電力 P_{ave} と無効電力 P_r，インピーダンスの関係を見ていきます．

$$P_{\mathrm{ave}} = V_e I_e \cos\theta = I_e^2 Z \cos\theta = I_e^2 R(\omega)$$
$$P_r = V_e I_e \sin\theta = I_e^2 Z \sin\theta = I_e^2 X(\omega)$$
$$(3.34)$$

このことから実際にエネルギーが消費されるのはインピーダンスの実部であることがわかります.

したがって，交流定常状態においても複素平面を用いた議論を行うことができ，以下の通り**複素電力** S を定義します.

$$
\begin{aligned}
S &= P_{\mathrm{ave}} + jP_r \\
&= V_e I_e \cos\theta + jV_e I_e \sin\theta \\
&= V_e I_e e^{j\theta} = V_e e^{j\theta_v} I_e e^{-j\theta_i} = VI^*
\end{aligned}
$$
$$(3.35)$$

P の有効電力の単位は [W]（でしたが，無効電力の単位は [VAR]（volt-ampre reactive）を用います[*3]. また，S の絶対値,

$$|S| = \sqrt{P^2 + Q^2} = V_e I_e \tag{3.36}$$

を**皮相電力**（単位 [VA][*4]）とよびます.

問 3.5　以下の式が成り立つことを示してください.
1. $\cos\theta = \dfrac{P_{\mathrm{ave}}}{|S|}$
2. $P_{\mathrm{ave}} = \dfrac{1}{2}(S + S^*)$

問 3.6　ある素子の複素インピーダンスが $Z(j\omega) = R(\omega) + jX(\omega)$, 複素アドミタンスが $Y(j\omega)(= 1/Z(j\omega)) = G(\omega) + jB(\omega)$ であり, 素子電圧と素子電流がそれぞれ $V = V_e e^{j\theta_v}$, $I = I_e e^{j\theta_i}$ であるとき, 以下の式が成り立つことを示してください.
1. $S = (R(\omega) + jX(\omega))I_e^2$
2. $S^* = (G(\omega) + jB(\omega))V_e^2$

[*3] 教科書によっては $S = V^*I$ と示している場合もあります. これは複素平面での虚軸の向きが逆になるだけで本質的には問題ありません.
[*4] volt ampre の略です.

問 3.7 図 3.10 の回路において，破線部分の力率を計算してください．

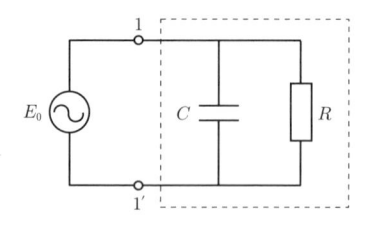

図 3.10 問 3.7 の回路.

第4章

電気回路の定理と基本回路

　電気回路には重要な定理がいくつか存在しています．基本的なものから非常にテクニカルなものまでさまざまですが，本章では基本的な定理について説明します．また電気回路で押さえておきたい共振についても説明します．

4.1　重ね合せの原理[*1]

複数の電源があると

　図 4.1 に示す回路は交流定常状態にあります．この回路は独立電圧源が二つ含まれていますが，角周波数が異なっています（ω_1 と ω_2）．この回路は交流定常状態にあるのですが，角周波数の異なる電源がある場合なのでフェーザ法を使うことができません．なぜなら，例えばインダクタ L の複素インピーダンスを $j\omega_1 L$ とするのか $j\omega_2 L$ とするのかという問題が生じるからです．フェーザ

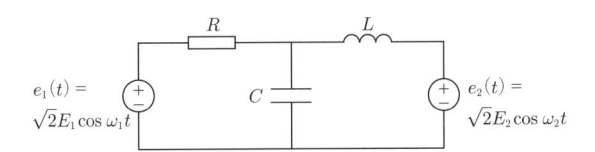

図 4.1　異なる角周波数の独立電源があるとフェーザ法が使えません．

[*1] 回路理論では「重ね合せの理」という言葉を用いますが，本書では「理」でなく「原理」としています．

表示を利用できるのは単一周波数の交流定常状態に限られています.

　フェーザ表示が使えないならば,時間軸で KVL 方程式と KCL 方程式をつくり,そこから常微分方程式を導いてそれを解いていく方法があります.ただ,特殊解をどうするかなど,解くことが少し難しそうです.できることならば,フェーザ法をなんとか利用したいものです.

個々の独立電源で考える

　これを解決する一つの方法として,**重ね合せの原理**があります.この考えは,「独立電源はそれぞれが独立しており出力値に影響を及ぼし合うことがないのでそれぞれの独立電源から素子への寄与を計算し,最後にそれを足し合せていく」という考えです.以下に重ね合せの原理を用いて問題を解く流れについてまとめています.

> **― 重ね合せの原理の考え方 ―**
>
> 複数の独立電源(電圧源・電流源)を含む回路において,重ね合せを適用するには以下の方法で行う.
>
> 　1. ある一つの独立電源以外の電源の値をゼロにし,回路の問題を解く
> 　2. 別の独立電源にも同様に行い,問題を解く
> 　3. それぞれの電源からの寄与を足し合せたものが解となる
>
> 求めたい解が素子電圧でも素子電流でも同じ方法である.

　例えば,図 4.1 において抵抗 R の電流 $i_R(t)$ を求めることを考えてみます.$e_2(t)$ をゼロとして $e_1(t)$ からの寄与だけを求めた電流値を $i'_R(t)$,$e_1(t)$ をゼロとして $e_2(t)$ からの寄与だけを求めた $i''_R(t)$ であるならば,与えられた回路図で求めるべき電流値は $i_R(t) = i'_R(t) + i''_R(t)$ になります.実際の計算を行う前に「独立電源の値をゼロにする」というところをもう少し考えていく必要があります.

素子の短絡除去と開放除去

　「独立電源の値がゼロ」という前に,電圧と電流がゼロということについて考えてみます.図 4.2 の上を見てください.$1 - 1'$ 間に電圧 $v(t)$ が生じており,

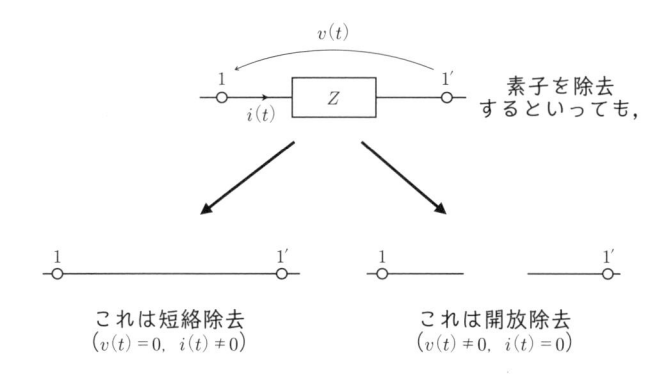

図 4.2　素子の除去には短絡除去（左）と開放除去（右）があります.

素子電流 $i(t)$ が流れているとします. $1-1'$ 間の電圧をゼロ $(v(t) = 0)$ にする
には $1-1'$ を短絡させればよく, 図 4.2 左下の状態がそれに相当します. これ
を素子の**短絡除去**といいます. このとき電流は流れているはずです $(i(t) \neq 0)$.
一方, $1-1'$ 間の電流をゼロ $(i(t) = 0)$ にするには, $1-1'$ 間を断線する, も
しくは単純に Z を取り除けば実現します（図 4.2 右下）. これを素子の**開放除
去**といいます. この場合, $1-1'$ 間には電圧が発生します $(v(t) \neq 0)$.

電圧源ゼロは短絡除去, 電流源ゼロは開放除去

　上述したことは, 当然, 独立電源にも当てはまります. したがって, 独立電
源をゼロにするというのは,「独立電圧源の値をゼロにする」という場合と「独
立電流源の値をゼロにする」という場合で異なってきます. つまり, 独立電圧
源の値をゼロにするには短絡除去し, 独立電流源の値をゼロにするには開放除
去する必要があります（図 4.3）.

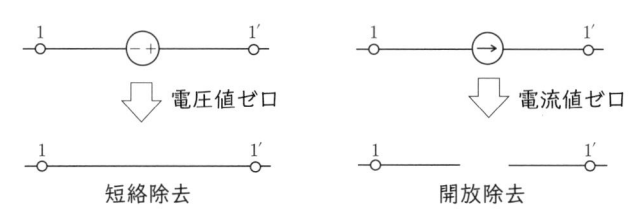

図 4.3　電圧源の値ゼロにするには短絡除去, 電流源の値をゼロにするには開放
除去します.

実際に重ね合せで問題を解いてみる

図 4.1 におけるキャパシタ C の電流値（瞬時値）を求めてみます．問題を解いていく流れを図 4.4 に示しています．図中の①から④の流れで問題を解いていきます．具体的な解法を以下に示します[*2]．

① 重ね合せの原理を用いて，それぞれの独立電圧源で回路を分ける

② 交流定常状態なので，フェーザ法で I' と I'' を求める

③ フェーザ表示を瞬時値（$i'(t)$ と $i''(t)$）に戻す

④ $i(t) = i'(t) + i''(t)$ を求める

ここで，注意しなければならないのは，②を解いた時点で $I' + I''$ を I としないことです．それぞれの角周波数が異なるので足し合せるとおかしくなってしまいます．

それでは，②と③で問題を解くことにします．図 4.4 左下の問題をフェーザ法を用いて解きます．KVL 方程式と KCL 方程式をつくらず，複素インピーダンスの合成と分圧を用い，C の素子電圧を求めてから電流を算出することにし

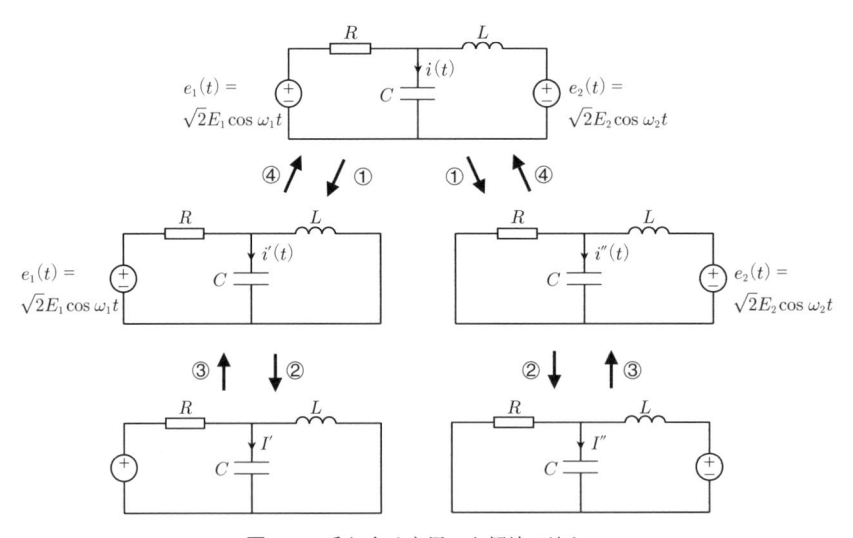

図 4.4 重ね合せを用いた解法の流れ．

[*2] ここでは交流定常状態の問題を解く場合を示していますが，時間軸（過渡応答も含む）で解く場合も重ね合せの原理は成り立ちます．

ます．C と L の合成インピーダンス Z_{CL} は

$$Z_{CL} = \frac{\dfrac{1}{j\omega_1 C} \cdot j\omega_1 L}{\dfrac{1}{j\omega_1 C} + j\omega_1 L} = \frac{j\omega_1 L}{1 - \omega_1^2 LC} \tag{4.1}$$

で表されます．これを用いて C の素子電圧 V' を複素インピーダンスの分圧を利用して求めることができます．

$$V' = \frac{Z_{CL}}{R + Z_{CL}} E_1 = \frac{j\omega_1 L}{R(1 - \omega_1^2 LC) + j\omega_1 L} E_1 \tag{4.2}$$

C の素子電流は V' に複素アドミタンス $j\omega_1 C$ を掛ければ求まります．

$$I' = j\omega_1 C V' = \frac{-\omega_1^2 LC}{R(1 - \omega_1^2 LC) + j\omega_1 L} E_1 \tag{4.3}$$

この時点で②まで来ました．③に進むために I' の絶対値と偏角を求めます．

$$\begin{aligned}
|I'| &= \frac{\omega_1^2 LC E_1}{\sqrt{R^2(1 - \omega_1^2 LC)^2 + \omega_1^2 L^2}} \\
\angle I' = \theta' &= \pi - \tan^{-1}\left\{ \frac{\omega_1 L}{R(1 - \omega_1^2 LC)} \right\}
\end{aligned} \tag{4.4}$$

同様に，図 4.4 右下の問題を解くことで，I'' とその絶対値・偏角が得られます．

$$\begin{aligned}
I'' &= \frac{j\omega_2 CR}{R(1 - \omega_2^2 LC) + j\omega_2 L} E_2 \\
|I''| &= \frac{\omega_2 CR E_2}{\sqrt{R^2(1 - \omega_2^2 LC)^2 + \omega_2^2 L^2}} \\
\angle I'' = \theta'' &= \frac{\pi}{2} - \tan^{-1}\left\{ \frac{\omega_2 L}{R(1 - \omega_2^2 LC)} \right\}
\end{aligned} \tag{4.5}$$

以上の結果から $i(t)$ が求まります．

$$\begin{aligned}
i(t) &= i'(t) + i''(t) \\
&= \sqrt{2}|I'|\cos(\omega_1 t + \theta') + \sqrt{2}|I''|\cos(\omega_2 t + \theta'')
\end{aligned} \tag{4.6}$$

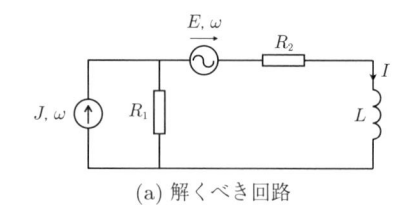

(a) 解くべき回路

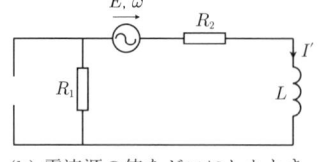

(b) 電流源の値をゼロにしたとき

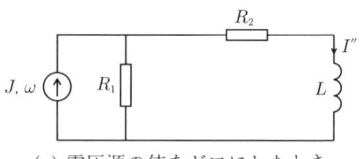

(c) 電圧源の値をゼロにしたとき

図 4.5 同じ角周波数 ω の独立電圧源 E と独立電流源 J がある回路. この場合はフェーザ表示で重ね合せる（$I = I' + I''$）ことが可能です.

同じ周波数でも適用可能

例題では異なる周波数の独立電圧源のケースでしたが，重ね合せの原理はどのような独立電源でも成り立ちます. 同じ周波数の独立電圧源と独立電流源があり，計算が面倒な場合があれば用いることができます. 例えば，図 4.5(a) のように L に流れる電流 I を求めることを考えてみます. この場合，同じ角周波数 ω の独立電圧源 E と独立電流源 J が回路に含まれています. この場合は，4.5(b) と (c) のようにそれぞれの電源をゼロにして求めた I' と I'' に対して，フェーザ表示で重ね合せる（$I = I' + I''$）ことが可能です.

問 4.1 図 4.5(a) の L に流れる電流 I を重ね合せを用いて求めてください.

4.2 テブナンの定理とノートンの定理

「等価な」回路

ある回路を別の回路で置き換えることができる場合，それらの回路はお互いに**等価**であるといいます. 具体的には図 4.6 に示すように，異なる回路 N_1 と N_2 において，任意の同じインピーダンス Z をつなげる場合を考えます. この

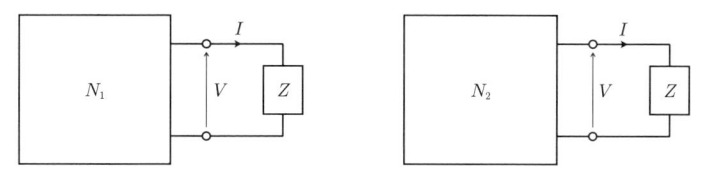

図 4.6 異なる回路 N_1 と N_2 に同じインピーダンス Z をつなげたとき，素子電圧と素子電流が同じ（V と I）で同じである場合，N_1 と N_2 はお互いに等価であるといえます．

とき，それぞれの素子電圧と素子電流が同じ値（V と I）であったとすると，N_1 と N_2 はお互いに等価であるといえます．また，このような回路を**等価回路**といいます．特に多くの素子からなる複雑な回路を，少ない素子数で表すときに等価回路の考えをよく使います．

問 4.2 図 4.7 のように電圧源 $e(t)$[V] および電流源 $j(t)$[A] に，電荷が蓄えられていないキャパシタ C をそれぞれ直列および並列に接続しています．これらの 2 端子回路が等価であるための条件の 1 つが，

$$j(t) = C\frac{de(t)}{dt} \tag{4.7}$$

であることを示してください（ヒント：時間軸で KVL 方程式と KCL 方程式をつくり式を比較してください）．

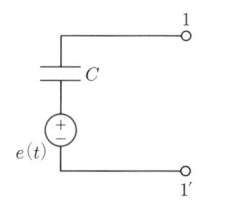

(a) 独立電流源とキャパシタの直列接続

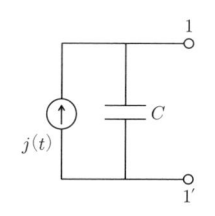

(b) 独立電流源とキャパシタの並列接続

図 4.7 問 4.2 の回路図．

テブナンの定理

図 4.8 左に示すように，電源を含む回路 N において，端子 $1-1'$ で負荷を接

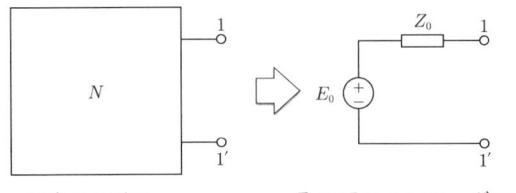

図 **4.8**　テブナンの定理を説明する図. 任意の回路は独立電圧源とインピーダンスの直列つなぎの等価回路に変換できます.

任意の回路を,　電圧源とインピーダンスで表すことができる！

続できる状態になっています. 異なる複数の負荷を接続するならば, そのたびごとに N 内部に含まれる素子も含めて計算をしなければならないとなると面倒です. 特に電子回路になると回路が複雑ですので, 簡単な等価回路に変換したいという必要性があります. 実は任意の電気回路は, 図 4.8 右に示すように独立電圧源 E_0 (テブナン等価電圧源) と複素インピーダンス Z_0 (テブナン等価インピーダンス) の直列接続と等価な回路に変換できます. これを**テブナンの定理**といい, 等価変換された回路を**テブナン等価回路**といいます[*3]. テブナン等価回路を求めることができれば, 回路の計算が楽になります. テブナンの定理が成り立つことを証明するのは少し複雑ですので, 本書では省略します. 興味があれば, 例えば文献 [6] などに詳しい説明がされていますので確認してください.

テブナン等価回路のつくり方

　テブナン等価回路の E_0 と Z_0 を求める方法[*4]を, 図 4.9 から考えてみます. 図 4.9(a) に示すように, 回路 N の端子 $1 - 1'$ に何もつながっていない場合, 端子間には電位差が生じます. テブナンの定理が成り立っているので, この電位差は E_0 に等しいはずです. また, 回路 N のうち独立電源の値をゼロにした回路を N' とすると (図 4.9(b)), $1 - 1'$ 間のインピーダンスは Z_0 となります.

　もしくは, 図 4.9(a) で E_0 を求めた後に, $1 - 1'$ を短絡させ (図 4.9(c)), その値が I_0 であったとき, $Z_0 = E_0/I_0$ が求まります. 注意点としては, 「独立電源の値をゼロ」というのは, 重ね合せの原理の場合と同様, 独立電圧源は短

[*3] ヘルムホルツの定理として紹介している教科書もあります.
[*4] テブナン等価回路 (および後述のノートン等価回路) は交流定常状態でなくても考えることができます.

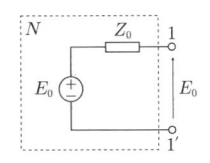 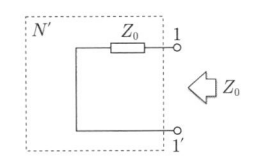 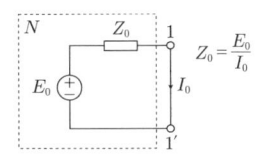

(a) $1-1'$ 間を開放して
いるときの電位差が E_0.

(b) 内部の独立電源をゼ
ロにし，$1-1'$ から見た
インピーダンスが Z_0.

(c) $1-1'$ を短絡し流れる
電流が I_0 のとき，$Z_0 = E_0/I_0$.

図 **4.9**　テブナン等価回路をつくる方法．(a) で等価電圧源 E_0 を求めて，(b) も
しくは (c) から Z_0 を計算します．

絡除去，独立電流源は開放除去をします．

テブナン等価回路を求めてみる

　例題として図 4.10(a) の回路のテブナン等価回路を求めてみます．図 (a) に
おいて，テブナン等価電圧源 E_0 は $1-1'$ 間の電圧で，分圧を利用して簡単に
求めることができます．

$$E_0 = \frac{\dfrac{1}{j\omega C}}{R + j\omega L + \dfrac{1}{j\omega C}} = \frac{1}{1 - \omega^2 LC + j\omega CR} \tag{4.8}$$

テブナン等価インピーダンス Z_0 を求めるために，独立電圧源 E を短絡除去し
た回路 N' が図 4.10(b) になります．$1-1'$ 間のインピーダンスも複素インピー
ダンスの合成を行うことで求めることが可能です．

$$Z_0 = \frac{(R + j\omega L) \cdot \dfrac{1}{j\omega C}}{R + j\omega L + \dfrac{1}{j\omega C}} = \frac{R + j\omega L}{1 - \omega^2 LC + j\omega CR} \tag{4.9}$$

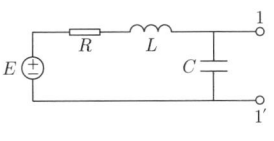 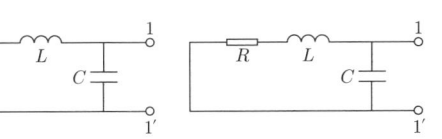

(a) 例題の回路 N

(b) 電源をゼロにした N'

図 **4.10**　テブナ
ン等価回路の例
題．

問 4.3　図 4.11 に示す回路のテブナン等価回路を求めてください.

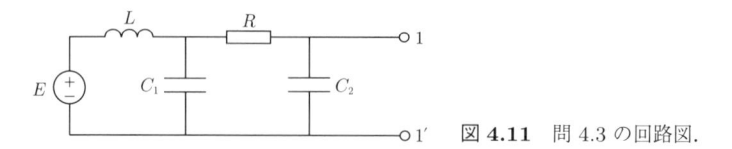

図 4.11　問 4.3 の回路図.

従属電源がある場合も

　従属電源がある場合も同様に行いますが,Z_0 を求める場合,電源をゼロにするのは独立電源だけで**従属電源はそのままにしておきます**.図 4.12 の回路のテブナン等価回路の E_0 と Z_0 を求めます.

　$1-1'$ の電圧が E_0 になりますが,従属電源が回路中の $V_2 = ER_2/(R_1 + R_2)$ に依存しています.電流の向きに注意して E_0 は以下のように求まります.

$$E_0 = -gV_2R_3 = \frac{-gR_2R_3E}{R_1 + R_2} \tag{4.10}$$

次に $1-1'$ を短絡した場合に流れる電流は $-gV_2$ となります.これより Z_0 が求まります.

$$Z_0 = \frac{E_0}{-gV_2} = \frac{-gR_2R_3E}{R_1 + R_2}\frac{R_1 + R_2}{-gER_2} = R_3 \tag{4.11}$$

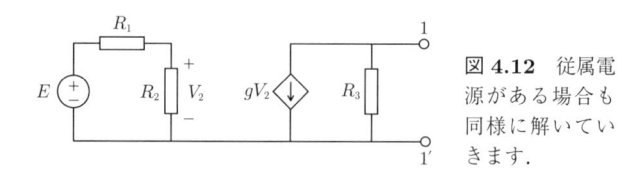

図 4.12　従属電源がある場合も同様に解いていきます.

問 4.4　図 4.13(a)(b) それぞれの回路において,キャパシタ C に流れる電流が同じ($= I$)になる場合の E_x と R_x の条件をテブナンの定理を用いて求めてください.

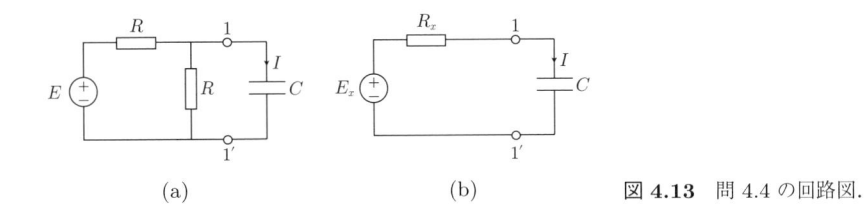

(a)　　　　　　　　(b)　　　　　図 **4.13**　問 4.4 の回路図.

問 4.5　図 4.14(a) の回路 N は交流定常状態にあり，$1 - 1'$ に流れる電流 I を求めることを考えます．図 4.14(b) に示すように電流計を挿入したとき電流計は I' を表示しました．しかしながら，電流計は複素インピーダンス Z をもち，電流計を使った時点で本来の値 I を求めているわけではありません．回路 N のテブナン等価インピーダンスが Z_0 であるとき，I を求めてください．

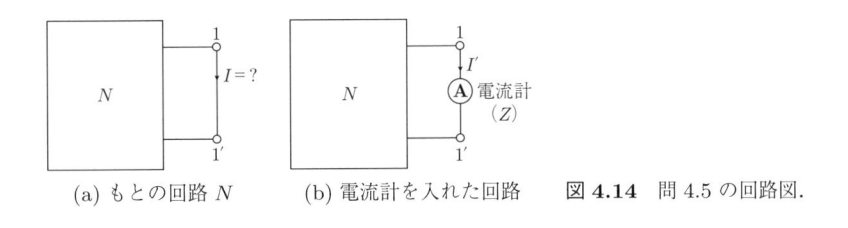

(a) もとの回路 N　　(b) 電流計を入れた回路　図 **4.14**　問 4.5 の回路図.

電流源に変換するノートンの定理

　テブナンの定理は任意の回路を独立電圧源とインピーダンスとして表すというものでした．一方，任意の回路を独立電流源とアドミタンスで表す場合にはノートンの定理を用います．具体的には，図 4.15 に示すように，独立電流源 J_0（ノートン等価電流源）とアドミタンス Y_0（ノートン等価インピーダンス，$Y_0 = 1/Z_0$）が並列につながっている等価回路に変換することができます．このような回路をノートン等価回路といいます[*5].

[*5] テブナンの定理と同様，証明に関しては省略します.

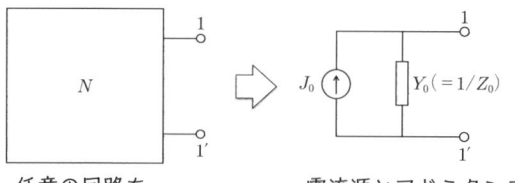

図 **4.15**　ノートンの定理を説明する図. 任意の回路は独立電流源とアドミタンス（インピーダンス）の並列つなぎの等価回路に変換できます.

任意の回路を，

電流源とアドミタンス（インピーダンス）で表すことができる！

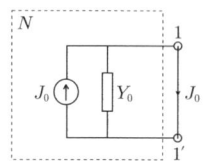

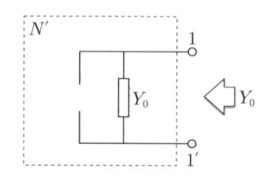

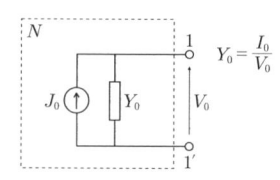

(a) 1 − 1′ 間を短絡したときに流れる電流が J_0.

(b) 内部の独立電源をゼロにし，1 − 1′ から見たアドミタンスが Y_0.

(c) 1 − 1′ を開放したときの電位差が V_0 のとき，$Y_0 = I_0/V_0$.

図 **4.16**　ノートン等価回路をつくる方法. (a) で等価電流源 J_0 を求めて，(b) もしくは (c) から Y_0 を計算します.

ノートン等価回路のつくり方

　テブナン等価回路の J_0 と $Y_0(= 1/Z_0)$ を求める方法を図 4.16 に示します. 図 (a) に示すように，回路 N の端子 1 − 1′ を短絡すると，1 − 1′ には電流が流れます. 図 4.16(a) のようにノートンの定理が成り立っているので，この電流は J_0 に等しいはずです. また，図 4.16(b) のように回路 N のうち独立電源の値をゼロにした回路を N' とすると，1 − 1′ 間の複素アドミタンスは Y_0（複素インピーダンスは Z_0）に等しくなるはずです. さらに，図 4.16(c) のように 1 − 1′ 電圧 (V_0) は J_0Y_0 ですのでこれを求めることで，$Y_0 = I_0/V_0$ が得られます.

　例題として，図 4.17 の回路のノートン等価回路を求めてみます. 1 − 1′ を短絡したときに流れる電流は $E/R = J_0$ となります. さらに独立電圧源をゼロにしたときの 1 − 1′ 間の複素アドミタンスは RLC が並列につながっているので，$Y_0 = 1/r + 1/(j\omega L) + j\omega C$ となります.

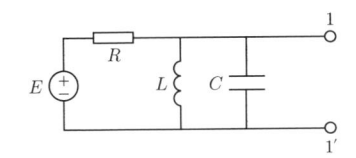

図 **4.17** ノートン等価回路
の例題.

テブナンの定理，ノートンの定理が成り立つので，

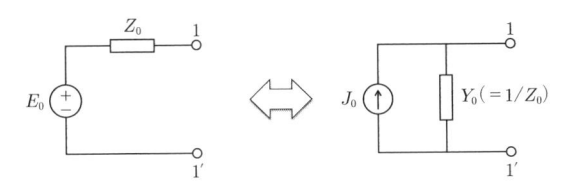

電圧源と電流源は入れ替えることができる
（このとき $J_0 = E_0 / Z_0$）

図 **4.18** 電圧源と電
流源の変換.

独立電圧源と独立電流源の変換

どのような回路もテブナン等価回路にもノートン等価回路にも変換できるの
で，お互いに変換できます．これは見方を変えれば，テブナンの定理およびノー
トンの定理を利用すれば，回路内の独立電圧源と独立電流源は互いに変換できま
す（図 4.18）．混在していては計算が面倒だと思えば，変換して計算してや
ればよいということです．図 4.18 左の回路図にノートンの定理を適用してみ
ます．図 4.16(a) に従って，$1 - 1'$ を短絡すると，$J_0 = E_0 / Z_0 = E_0 Y_0$ とな
ります．一方，図 4.18 右の回路図にテブナンの定理（図 4.9）を適用すると，
$E_0 = J_0 / Y_0 = J_0 Z_0$ となります．つまり接続されているインピーダンスを用
いることで独立電圧源と独立電流源は等価変換できます．

4.3 共 振 回 路

電圧や電流が極大・極小値をもつ共振

交流回路において，回路を駆動する周波数によっては，複素インピーダンス
がもつ周波数依存性によって，素子電圧や電流が極大値もしくは極小値をもつ
場合があります．このような現象を共振といい，そのような周波数を**共振周波**

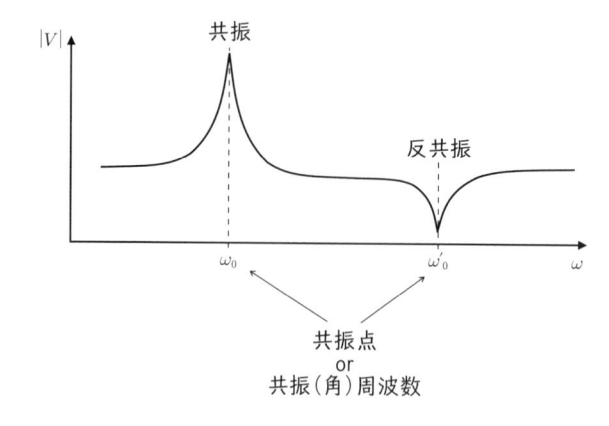

図 **4.19** 共振・反共振の例．振幅だけでなく偏角（位相）も周波数依存性があります．

数（共振角周波数）もしくは**共振点**といいます[*6]．図 4.19 の例では，$\omega = \omega_0$ で電圧が最大値をもち，$\omega = \omega_0'$ では極小値をもっています．特に極小値をもつ場合は反共振とよぶこともあります．極大値の部分を共振ピークとよびます．図 4.19 では，電圧の絶対値 $|V|$（つまり交流信号の振幅）を縦軸にしていますが，電流値で表示する場合もあります．また，振幅だけでなく偏角（位相）も変化しています．

共振の鋭さを表す Q 値

　共振ピークといっても回路内の素子によってピークの鋭さが異なってきます．本書では詳しくは述べませんが，共振を用いる測定方式やデバイスが多く提案されています．共振に関して少し説明します．

　図 4.20 はある素子電圧の振幅の周波数特性を想定したグラフです．共振点での振幅の絶対値が $|V|$ であったとき，$|V|/\sqrt{2}$ のときの（角）周波数をカットオフ（角）周波数といい，図では ω_1 と ω_2 で表しています．$\Delta\omega = \omega_2 - \omega_1$ をバンド幅（帯域幅）といいます．バンド幅が小さければピークも鋭いことを意味しますが，同じバンド幅でも中心周波数によってはグラフ化したときの鋭さが異なります．そこで中心周波数で規格化した量として Q 値（$Q = \omega_0/\Delta\omega$）が

[*6] 共振周波数を固有周波数という場合もありますが，厳密には両者は異なります．固有周波数は文字通り固有で変化しません．一方，共振周波数は外力等によって共振点が変化することがあります．外力がない場合は固有周波数 ＝ 共振周波数と考えてよいでしょう．

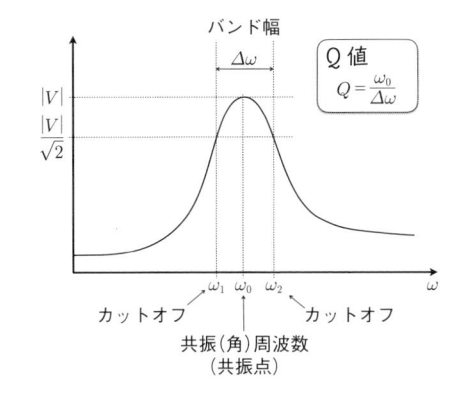

図 **4.20**　Q 値で共振の鋭さを表します．Q の値が大きいほど鋭いことを意味します．

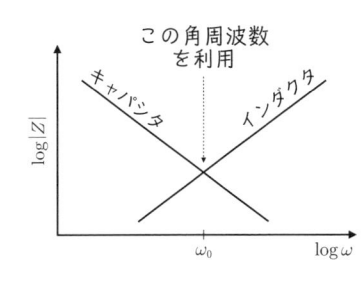

図 **4.21**　共振はキャパシタンスとインダクタンスの（角）周波数依存性を利用しています．

用いられます[7]．例えば，44 ページの RLC 直列共振回路では $Q = L\omega_0/R$ になります（問 4.6）．

共振はリアクタンスの一致を利用する

　インピーダンスに周波数依存性があるのはキャパシタとインダクタですので，共振はそれを利用します．例えば，図 4.21 のように，キャパシタとインダクタの絶対値（これはリアクタンスになりますが）が一致するところでは合成インピーダンスの値が急激に変化しますが，それが共振となるのです．

　例えば，44 ページの RLC 直列共振回路において，キャパシタ電圧（フェーザ表示）は

---

[7] 本来の Q 値の定義は，例えば電源電圧の実効値に対する素子電圧の実効値の比として表されます．本文での Q 値はいわば近似ですが，実験では本文の式がよく用いられます．

$$|V| = \frac{E_0/\sqrt{2}}{\sqrt{(1 - \omega^2 LC)^2 + (\omega RC)^2}} \tag{4.12}$$

であり，これが最大値をもつときの角周波数（つまり共振点）は分母が最小になるときであるのがわかります．したがって，

$$1 - \omega_0^2 LC \ \rightarrow \ \omega_0 = \frac{1}{\sqrt{LC}} \tag{4.13}$$

が共振点になります．

問 4.6　44 ページの RLC 直列共振回路において，R が小さい場合，以下の問に答えなさい．

1. バンド幅が R/L であることを示してください．
2. Q 値が $Q = L\omega_0/R$ となることを示してください．

問 4.7　図 4.22(a)RLC 直列共振回路および (b) 並列共振回路（フェーザ表示）は交流定常状態にあります．それぞれの場合が共振の状態であるとき，R，L，C の素子電圧および素子電流（フェーザ表示）を求めてください．

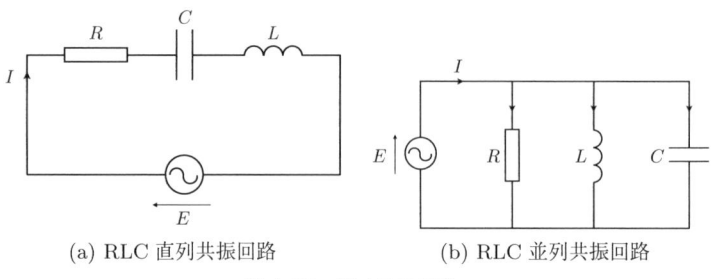

(a) RLC 直列共振回路　　　　　(b) RLC 並列共振回路

図 4.22　問 4.7 の回路．

第5章

行列を用いた回路表現

回路内の素子の数が増えていけば，KVL 方程式と KCL 方程式の数は当然ながら増えていきます．このような場合，手計算を行うのは難しくなり，コンピュータを用いて数値計算の手法で解くのが現実的です．本章では KVL 方程式と KCL 方程式を行列を用いて表現し，直流と交流の定常状態を数値計算で解けるようにします．

5.1 回路の接続を行列で表す

手計算にも限界がある

回路図が与えられたときに，個々の素子の電圧–電流特性はわかっているので，問題を解くときに必要な情報は，どの素子がどのように他の素子と接続されているのかということになります．回路の接続がわかれば，そこから KCL 方程式や KVL 方程式をつくることができるからです．素子の数が増えると，解くべき KCL 方程式と KVL 方程式の数が増えてきます．そうなると解析的，つまり手計算で解いていくことはきわめて困難になることが予想できます．実際には，SPICE のようなコンピュータシミュレーション（数値計算）を利用することになります．われわれが手計算で複雑な回路の方程式をつくって解く機会は少なくなるでしょう．ただ，コンピュータを利用するとしても，シミュレーションプログラムには KCL 方程式と KVL 方程式を機械的につくるアルゴリズムが必要になります．

　集中定数回路を扱う回路理論では，グラフ理論という数学を用いて，回路図の状態を行列として表現する方法があります．いくつかの性質をもつ行列が提案されており，これらを用いて回路の問題を解くための回路網方程式という方程式が導かれています．この方法は非常に技巧的であり体系的（しかも面白い）ですが，すべての内容を説明するだけで本が 1 冊できてしまいます．本書では，複雑な回路の問題はコンピュータを用いて解くという立場ですので，本書の数値計算で用いる**接続行列**を取り上げて議論を進めていくことにします[*1]．

連立させた KCL 方程式から行列をつくる

　ここから図 5.1 の回路図を用いて，回路の接続と素子電流・素子電圧の関係を見ていきたいと思います．この回路には素子が九つ，節点が五つあります．素子には下付きの番号をつけており（$k = 1, 2, \cdots, 9$），図のように各素子の素子電流（i_k）の下付き番号に対応させています．さらに，それぞれの素子電圧を v_k とします．また，節点電位を u_m（$m = 1, 2, \cdots, 5$）とします．この回路で必要十分な KCL 方程式と KVL 方程式の数は，第 1 章（26 ページ）で示した通り，それぞれ $5 - 1 = 4$ および $9 - 5 + 1 = 5$ です．

　各節点における KCL 方程式を式 (5.1) に示します．各式の左側にある "1:" や "2:" などは節点の番号を意味します．みなさん自身で，これらの KCL 方程式が得られることを確認してください．

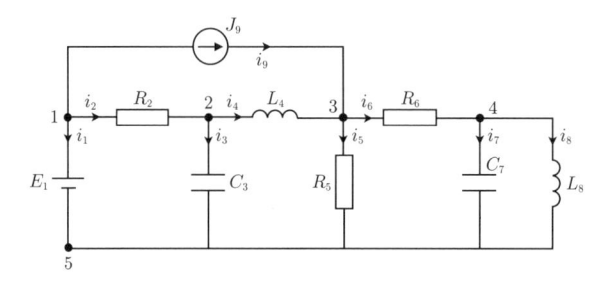

図 5.1　この回路図を用いて接続行列を考えます．

$$\begin{cases} 1: & i_1 & +i_2 & & & & & & & +i_9 & = 0, \\ 2: & & -i_2 & +i_3 & +i_4 & & & & & & = 0, \\ 3: & & & & -i_4 & +i_5 & +i_6 & & & -i_9 & = 0, \\ 4: & & & & & & -i_6 & +i_7 & +i_8 & & = 0, \\ 5: & -i_1 & & -i_3 & & -i_5 & & -i_7 & -i_8 & & = 0. \end{cases} \quad (5.1)$$

線形代数のやり方に従い，この連立方程式を以下のように行列で表します．

$$\begin{array}{c} 1 \\ 2 \\ 3 \\ 4 \\ 5 \end{array} \underbrace{\begin{pmatrix} 1 & 1 & 0 & 0 & 0 & 0 & 0 & 0 & 1 \\ 0 & -1 & 1 & 1 & 0 & 0 & 0 & 0 & 0 \\ 0 & 0 & 0 & -1 & 1 & 1 & 0 & 0 & -1 \\ 0 & 0 & 0 & 0 & 0 & -1 & 1 & 1 & 0 \\ -1 & 0 & -1 & 0 & -1 & 0 & -1 & -1 & 0 \end{pmatrix}}_{\mathbf{A}} \underbrace{\begin{pmatrix} i_1 \\ i_2 \\ i_3 \\ i_4 \\ i_5 \\ i_6 \\ i_7 \\ i_8 \\ i_9 \end{pmatrix}}_{\mathbf{I}} = \underbrace{\begin{pmatrix} 0 \\ 0 \\ 0 \\ 0 \\ 0 \\ 0 \\ 0 \\ 0 \\ 0 \end{pmatrix}}_{\mathbf{0}} \quad (5.2)$$

行列の外側（左側）にある 1 から 5 までの数字は節点を意味します（行列の成分ではありません）．この行列を $\mathbf{A}$ と書くことにします．素子電流をまとめたベクトル $(i_1\ i_2\ i_3\ i_4\ i_5\ i_6\ i_7\ i_8\ i_9)^T = \mathbf{I}$（これを電流ベクトルということにします）と置くと，式 (5.2) は以下のような関係式に書き換えることができます[*2]．

$$\mathbf{AI} = \mathbf{0} \quad (5.3)$$

式 (5.3) は図 5.1 の回路図で記述できるすべての KCL 方程式を行列として表した式といえます．

接続行列：回路内での素子を表す

　図 5.2 を用いて，行列 $\mathbf{A}$ の意味を考えてみます．素子電流 $i_k\ (k = 1, 2, \cdots, 9)$ の下付きの数字は各素子の番号に対応していることから，$\mathbf{A}$ の列は素子を表し

[*2] ベクトルの上付きの T は転置を意味します．電流の縦ベクトルを表示するときに紙面のスペースを有効に使うために横ベクトルを転置して表現しています．

図 **5.2**　行列 **A** は素子の接続を表しています.

ています.行列要素は $+1$ か -1 か 0 ですが,各列には $+1$ か -1 が必ず一つ
ずつ存在し,それ以外の要素がすべて 0 です.実際の回路図(図5.1)で設定し
た電流の向きとの対応を見ると,節点から素子へ電流が流れ出る場合が $+1$,素
子から流れてくる場合が -1 になっています.例えば,抵抗 R_5 は節点3から
5に電流 i_5 が流れる設定にしていますが,$\mathbf{A}$ の行列要素を見てみると,R_5 の
接続を示す要素は,$A_{35} = 1$,$A_{55} = -1$ となっています.それ以外の素子も同
様です(各自確認してください).つまり,行列 $\mathbf{A}$ は各素子(列)がどの節点
(行)とつながっており,どのような電流の向きをしているのかを示していると
いえます.このような行列を**接続行列**といいます[*3].回路図が与えられ,電流
の向きさえ設定すれば,KCL 方程式をつくらなくても接続行列をつくることが
できます.逆に接続行列をつくれば,そこから KCL 方程式を導き出すことが
できます.

接続行列のつくり方

節点と素子に対応する行列要素 (A_{ij}) は,各節点において,電流が素子に
流れていく場合は 1,素子から節点に電流が流れてくる場合は -1,節点と
素子が接続していない場合は 0 にする.

[*3] インシデンス行列ともいいます.

$$
A_{ij} = \begin{cases} 1 & (\text{節点 } i \text{ から素子 } j \text{ に電流が出ている場合}) \\ -1 & (\text{節点 } i \text{ に素子 } j \text{ から電流が入っている場合}) \\ 0 & (\text{節点 } i \text{ と } j \text{ の接続がない場合}) \end{cases}
$$

　例として，図 5.3 の回路の接続行列をつくることにします．各節点に番号がありますので，それを接続行列の行番号に合せることにします．電流の向きは図の通りとします．回路図によっては電流の向きが与えられていない場合があるので，その場合は各自で設定しなければなりません．電流の向きと素子の接続から接続行列 $\mathbf{A}$ は以下の通りになります．

$$
\mathbf{A} = \begin{array}{c} \\ 1 \\ 2 \\ 3 \\ 4 \end{array} \begin{array}{cccccc} E_1 & C_2 & R_3 & R_4 & R_5 & L_6 \\ \begin{pmatrix} 1 & 1 & 1 & 0 & 0 & 0 \\ 0 & 0 & -1 & 1 & 1 & 0 \\ 0 & -1 & 0 & 0 & -1 & 1 \\ -1 & 0 & 0 & -1 & 0 & -1 \end{pmatrix} \end{array} \tag{5.4}
$$

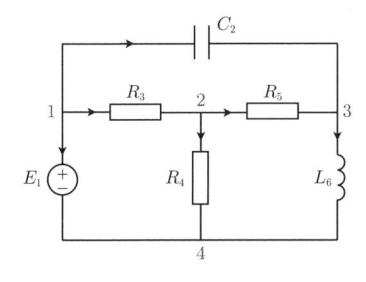

図 5.3 接続行列をつくるには電流の向きを設定します．

問 5.1　図 5.4(a)(b) の接続行列をつくってください．電流の向きと節点の番号は各自で設定してください．

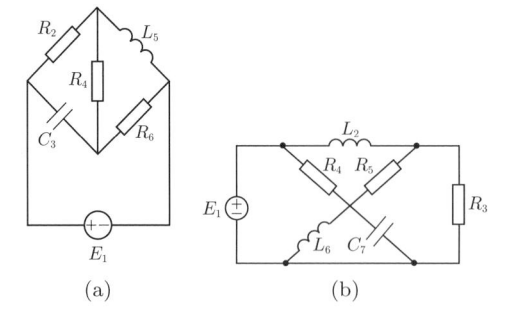

(a)　　　　　　　　　(b)　　　　**図 5.4**　問 5.1 の回路.

節点電位と素子電圧の関係

　次は KVL 方程式を行列で表してみます．まず，節点電位と素子電圧の関係を見てみます．それぞれの素子電圧が節点電位を用いてどのように表されるかをまとめたものが以下の式になります．

$$
\begin{cases}
E_1: & u_1 & & & -u_5 & = v_1(=E_1), \\
R_2: & u_1 & -u_2 & & & = v_2, \\
C_3: & & u_2 & & -u_5 & = v_3, \\
L_4: & & u_2 & -u_3 & & = v_4, \\
R_5: & & & u_3 & -u_5 & = v_5, \\
R_6: & & & u_3 & -u_4 & = v_6, \\
C_7: & & & & u_4 & -u_5 & = v_7, \\
L_8: & & & & u_4 & -u_5 & = v_8, \\
J_9: & u_1 & & -u_3 & & = v_9.
\end{cases}
\tag{5.5}
$$

　これらの式も連立方程式とみなして，行列とベクトルを用いて表すことにします．

$$
\begin{array}{c}
\begin{array}{ccccc} 1 & 2 & 3 & 4 & 5 \end{array} \\
\underbrace{\begin{array}{c} E_1 \\ R_2 \\ C_3 \\ L_4 \\ R_5 \\ R_6 \\ C_7 \\ L_8 \\ J_9 \end{array}
\begin{pmatrix}
1 & 0 & 0 & 0 & -1 \\
1 & -1 & 0 & 0 & 0 \\
0 & 1 & 0 & 0 & -1 \\
0 & 1 & -1 & 0 & 0 \\
0 & 0 & 1 & 0 & -1 \\
0 & 0 & 1 & -1 & 0 \\
0 & 0 & 0 & 1 & -1 \\
0 & 0 & 0 & 1 & -1 \\
1 & 0 & -1 & 0 & 0
\end{pmatrix}}_{\mathbf{A}^T}
\underbrace{\begin{pmatrix} u_1 \\ u_2 \\ u_3 \\ u_4 \\ u_5 \end{pmatrix}}_{\mathbf{U}}
=
\underbrace{\begin{pmatrix} v_1 \\ v_2 \\ v_3 \\ v_4 \\ v_5 \\ v_6 \\ v_7 \\ v_8 \\ v_9 \end{pmatrix}}_{\mathbf{V}}
\end{array}
\tag{5.6}
$$

式 (5.6) の行列をよく見てください．この行列は式 (5.2) から導いた $\mathbf{A}$ の転置行列 ($= \mathbf{A}^T$) であることがわかります．節点電位ベクトルを $\mathbf{U} = (u_1\ u_2\ u_3\ u_4\ u_5)^T$，素子電圧ベクトルを $\mathbf{V} = (v_1\ v_2\ v_3\ v_4\ v_5\ v_6\ v_7\ v_8\ v_9)^T$ と置くと，式 (5.6) は以下のようになります．

$$
\mathbf{A}^T \mathbf{U} = \mathbf{V} \tag{5.7}
$$

式 (5.7) の意味していることを考えてみましょう．例えば，$\mathbf{A}^T$ の第 2 行，第 4 行，第 9 行の方程式を取り出してみると，

$$
\begin{aligned}
&第 2 行: u_1 - u_2 = v_2 \\
&第 4 行: u_2 - u_3 = v_4 \\
&第 9 行: u_1 - u_3 = v_9
\end{aligned}
\tag{5.8}
$$

となりますが，これら三つの式から u_1 および u_2，u_3 を消去すると以下の式が得られます．

$$
v_2 + v_4 - v_9 = 0 \tag{5.9}
$$

この式は図 5.1 において，節点 1→ J_9 → 節点 3→ L_4 → 節点 2→ R_2 → 節点 1 のループにおける KVL 方程式であることがわかります．$\mathbf{A}^T$ の第 2 行，第 4 行，第 9 行を取り出したのは一例です．もし，節点 5→ E_1 → 節点 1→ R_2 →

節点 2→ L_4 → 節点 3→ R_5 → 節点 5 のループの場合，式 (5.6) における $\mathbf{A}^T$ の第 1 行および第 2 行，第 4 行，第 5 行の方程式，

$$
\begin{aligned}
&\text{第 1 列: } u_1 - u_5 = E_1 \\
&\text{第 2 列: } u_1 - u_2 = v_2 \\
&\text{第 4 列: } u_2 - u_3 = v_4 \\
&\text{第 5 列: } u_3 - u_5 = v_5
\end{aligned}
\tag{5.10}
$$

から，u_1 および u_2，u_3，u_5 を消去すると，このループの KVL 方程式である次式が得られます．

$$
E_1 - v_2 - v_4 - v_5 = 0 \tag{5.11}
$$

このように，式 (5.7) の中をうまく組み合せることで，この回路の KVL 方程式のすべてをつくることができるのです[*4]．言い換えれば，式 (5.7) は回路に必要な KVL 方程式を接続行列 $\mathbf{A}$ を用いて表現したものになります．

1 行除くと必要十分に：既約接続行列

　式 (5.1) において，節点 1 および 2，3，4 における KCL 方程式を取りすべてを足し合せてみます．

$$
i_1 + i_3 + i_5 + i_7 + i_8 = 0 \tag{5.12}
$$

この式は，式 (5.1) における節点 5 の方程式に -1 を掛けたものにほかなりません．これは，式 (5.1) の節点 5 に関する KCL 方程式が，なくてもよい，つまり不要であることを意味します（一次従属）．これは他の節点に注目しても同様のことがいえます．式 (5.1) で，節点 1 および 2，4，5 における KCL 方程式を取りすべてを足し合せてみると節点 3 に関する KCL 方程式が得られます．つまり，接続行列から KCL 方程式をつくる場合，任意の一つの方程式は冗長であり，取り除いても問題ない（というか実際には取り除かなければならない）の

[*4] これを証明することは大変ですが，式 (5.7) において，回路内のすべての素子電圧が節点電位で表されているので，回路内のすべてのループをつくることが可能なことから理解できます．

です．第 1 章（26 ページ）で述べた KCL 方程式の数が $n-1$ 個で必要である
という条件はここからきています．

　必要十分な数の KCL 方程式をつくるには，$\mathbf{A}$ の中から任意の 1 行を取り除
いた行列を用いればよいことになります．このような行列を**既約接続行列**とい
い，本書では $\mathbf{A}_r$ として表します．

　例として，図 5.3 の回路において，節点 4 を基準節点とした場合の既約接続
行列は，

$$
\mathbf{A}_r = \begin{array}{c} \\ 1 \\ 2 \\ 3 \end{array}
\begin{array}{cccccc}
E_1 & C_2 & R_3 & R_4 & R_5 & L_6 \\
\left(\begin{array}{cccccc}
1 & 1 & 1 & 0 & 0 & 0 \\
0 & 0 & -1 & 1 & 1 & 0 \\
0 & -1 & 0 & 0 & -1 & 1
\end{array}\right)
\end{array}
\tag{5.13}
$$

で表され，節点 1 を基準節点とした場合の既約接続行列は，

$$
\mathbf{A}_r = \begin{array}{c} \\ 2 \\ 3 \\ 4 \end{array}
\begin{array}{cccccc}
E_1 & C_2 & R_3 & R_4 & R_5 & L_6 \\
\left(\begin{array}{cccccc}
0 & 0 & -1 & 1 & 1 & 0 \\
0 & -1 & 0 & 0 & -1 & 1 \\
-1 & 0 & 0 & -1 & 0 & -1
\end{array}\right)
\end{array}
\tag{5.14}
$$

となります．

既約接続行列を用いた KCL

　$\mathbf{A}_r$ が与えられれば，取り除かれた 1 行がどのような要素をもっているかすぐ
にわかります．（既約でない）接続行列 $\mathbf{A}$ のそれぞれの列成分は，1 と -1 が一
つずつ含まれ，残りの行列要素は 0 になると述べました．図 5.5 に示すように，
5 行目を取り除いた $\mathbf{A}_r$ が与えられたとします．$\mathbf{A}_r$ の 1 列目（E_1）には -1 が
ないため，取り除かれた成分は -1 であることがわかります．2 列目（R_2）で
は，$\mathbf{A}_r$ に 1 と -1 が含まれているので，取り除かれた部分の成分は 0 である
ことがわかります．既約接続行列 $\mathbf{A}_r$ を用いても KCL（$\mathbf{A}_r \mathbf{I} = \mathbf{0}$）が成り立つ
ことはいうまでもありません．

任意の 1 行がなくても，

$$
\mathbf{A}_r = \begin{array}{c} \\ 1 \\ 2 \\ 3 \\ 4 \end{array}
\begin{array}{cccccccccc}
& E_1 & R_2 & C_3 & L_4 & R_5 & R_6 & C_7 & L_8 & J_9 \\
\left(\begin{array}{ccccccccc}
1 & 1 & 0 & 0 & 0 & 0 & 0 & 0 & 1 \\
0 & -1 & 1 & 1 & 0 & 0 & 0 & 0 & 0 \\
0 & 0 & 0 & -1 & 1 & 1 & 0 & 0 & -1 \\
0 & 0 & 0 & 0 & 0 & -1 & 1 & 1 & 0
\end{array}\right)
\end{array}
$$

既約接続行列

$$
5 \quad -1 \quad 0 \quad -1 \quad 0 \quad -1 \quad 0 \quad -1 \quad -1 \quad 0
$$

要素はわかる

つまり一つの節点の情報がなくても回路の接続がわかる
→既約表現

図 **5.5**　接続行列から任意の 1 行を取り除いても（既約接続行列），行列としての性質は変わりません.

取り除いた行に対応する節点が基準節点となる

一方，KVL 方程式の方はどうでしょうか．既約接続行列を用いた式 (5.6) に相当する式を考えていきます．例えば，接続行列 $\mathbf{A}$ の第 5 行目（$\mathbf{A}^T$ の第 5 列目）を取り除いて既約接続行列 $\mathbf{A}_r$ をつくります．$\mathbf{A}_r$ には対応する節点 5 の情報がないので，u_5 を節点電位ベクトル $\mathbf{U}$ から取り除かなければなりません（そうでないと行列の計算ができませんので）.

$$
\begin{array}{c}
E_1 \\ R_2 \\ C_3 \\ L_4 \\ R_5 \\ R_6 \\ C_7 \\ L_8 \\ J_9
\end{array}
\begin{array}{c}
\quad 1 \quad\ 2 \quad\ 3 \quad\ 4 \\
\left(\begin{array}{cccc}
1 & 0 & 0 & 0 \\
1 & -1 & 0 & 0 \\
0 & 1 & 0 & 0 \\
0 & 1 & -1 & 0 \\
0 & 0 & 1 & 0 \\
0 & 0 & 1 & -1 \\
0 & 0 & 0 & 1 \\
0 & 0 & 0 & 1 \\
1 & 0 & -1 & 0
\end{array}\right)
\end{array}
\begin{pmatrix}
u_1 \\ u_2 \\ u_3 \\ u_4
\end{pmatrix}
=
\begin{pmatrix}
v_1 \\ v_2 \\ v_3 \\ v_4 \\ v_5 \\ v_6 \\ v_7 \\ v_8 \\ v_9
\end{pmatrix}
\tag{5.15}
$$

この式は，$\mathbf{A}_r^T \mathbf{U} = \mathbf{V}$ となります．ここで $\mathbf{U}$ は u_5 を取り除いた節点電位べ

クトルです．この式を行列の形ではなく，通常の連立方程式として書き直して
みましょう．

$$\begin{cases} u_1 & = v_1(= E_1), \\ u_1 & -u_2 & = v_2, \\ & u_2 & = v_3, \\ & u_2 & -u_3 & = v_4, \\ & u_3 & = v_5, \\ & u_3 & -u_4 & = v_6, \\ & u_4 & = v_7, \\ & u_4 & = v_8, \\ u_1 & -u_3 & = v_9. \end{cases} \tag{5.16}$$

（当たり前ですが）式 (5.16) は式 (5.5) から u_5 を取り除いたもの，言い換え
れば $u_5 = 0$ と置いたものになります．節点電位をゼロと置くことは，その節点
を基準節点とすることにほかなりません．つまり，**既約接続行列は取り除いた
行に相当する節点の電位を基準電位にする**ということになります．言い換えれ
ば，既約でない接続行列は回路外の他の点に基準があることを意味しますが，集
中定数回路ではそのような条件はありえません（第 1 章で述べた通りです）[*5]．
以下に，既約接続行列を用いた KCL 方程式と KVL 方程式をまとめます．

─ 既約接続行列を用いた **KCL 方程式**と **KVL 方程式** ──────

集中回路に含まれる素子の接続を表す既約接続行列を $\mathbf{A}_r$，節点電位ベク
トル（基準電位を除く）を $\mathbf{U}$，素子電圧ベクトルを $\mathbf{V}$，素子電流ベクトル
を $\mathbf{I}$ とすると，KCL 方程式および KVL 方程式は以下に示すように書くこ
とができる．

$$\text{KCL 方程式}: \mathbf{A}_r\mathbf{I} = \mathbf{0} \tag{5.17}$$

$$\text{KVL 方程式}: \mathbf{A}_r^T\mathbf{U} = \mathbf{V} \tag{5.18}$$

[*5] 分布定数回路では空間も取り扱うので，分布定数と集中定数を接続する場合は，「既約でな
い」接続行列を用います．

5.2　回路の素子特性を行列で表す

受動素子が抵抗だけの場合

　KCL 方程式と KVL 方程式を接続行列を用いて表すことができました．ここでは素子特性を行列を用いて表現することを考えます．素子特性が行列で表すことができると，接続行列を利用した KCL 方程式と KVL 方程式を利用して回路の問題を解く方程式をつくることができます．

　まず簡単なケースとして，回路内の受動素子が抵抗 $(R_1, R_2, \cdots)$ しか含まれていない場合を考えてみます．素子電圧ベクトルを $\mathbf{V} = (v_1(t), v_2(t), \cdots)^T$, 素子電流ベクトルを $\mathbf{I} = (i_1(t), i_2(t), \cdots)^T$ とし, $v_k(t) = R_k i_k(t)$ $(k = 1, 2, \cdots)$ の関係があるとすると，抵抗は以下のような対角行列で表すことができます．

$$\underbrace{\begin{pmatrix} v_1(t) \\ v_2(t) \\ \vdots \end{pmatrix}}_{\mathbf{V}} = \underbrace{\begin{pmatrix} R_1 & 0 & \cdots \\ 0 & R_2 & \cdots \\ \vdots & \vdots & \ddots \end{pmatrix}}_{\mathbf{Z}} \underbrace{\begin{pmatrix} i_1(t) \\ i_2(t) \\ \vdots \end{pmatrix}}_{\mathbf{I}} \tag{5.19}$$

この対角行列 $\mathbf{Z}$ は抵抗（インピーダンス）の次元をもっています[*6]．$\mathbf{Z}$ 行列は対角行列であることから逆行列は簡単に求まり，抵抗の逆数であるコンダクタンス $G_k(t)(= 1/R_k)$ $(k = 1, 2, \cdots)$ を用いれば以下の式が得られます．

$$\underbrace{\begin{pmatrix} i_1(t) \\ i_2(t) \\ \vdots \end{pmatrix}}_{\mathbf{I}} = \underbrace{\begin{pmatrix} R_1 & 0 & \cdots \\ 0 & R_2 & \cdots \\ \vdots & \vdots & \ddots \end{pmatrix}^{-1}}_{\mathbf{Z}^{-1}} \underbrace{\begin{pmatrix} v_1(t) \\ v_2(t) \\ \vdots \end{pmatrix}}_{\mathbf{V}} = \underbrace{\begin{pmatrix} G_1 & 0 & \cdots \\ 0 & G_2 & \cdots \\ \vdots & \vdots & \ddots \end{pmatrix}}_{\mathbf{Y}} \underbrace{\begin{pmatrix} v_1(t) \\ v_2(t) \\ \vdots \end{pmatrix}}_{\mathbf{V}}$$

$$\tag{5.20}$$

$\mathbf{Y}$ はコンダクタンス（アドミタンス）の次元をもつ対角行列になります．

[*6] 回路理論の 2 端子対素子のインピーダンス行列とは異なるので注意が必要です．

交流定常状態も同じように表現してみる

キャパシタとインダクタが回路内にある場合は素子電流と素子電圧が微分また
は積分の関係にあり，そのままでは行列要素として表すことができません．一方，
交流定常状態ならば，素子特性は複素インピーダンスを用いて表現することがで
きます．つまり回路内の k 番目の素子の特性が $V_k = Z_k(j\omega) \times I_k$ $(k = 1, 2, \cdots)$
とすれば，素子電圧と素子電流の関係は行列を用いて以下の通りに表すことが
できます．

$$\underbrace{\begin{pmatrix} V_1 \\ V_2 \\ \vdots \end{pmatrix}}_{\mathbf{V}} = \underbrace{\begin{pmatrix} Z_1(j\omega) & 0 & \cdots \\ 0 & Z_2(j\omega) & \cdots \\ \vdots & \vdots & \ddots \end{pmatrix}}_{\mathbf{Z}} \underbrace{\begin{pmatrix} I_1 \\ I_2 \\ \vdots \end{pmatrix}}_{\mathbf{I}} \tag{5.21}$$

例として，図 5.3 の回路の素子特性を，式 (5.21) にならって表すと以下の通
りになります．

$$\begin{pmatrix} V_2 \\ V_3 \\ V_4 \\ V_5 \\ V_6 \end{pmatrix} = \begin{pmatrix} \frac{1}{j\omega C_2} & 0 & 0 & 0 & 0 \\ 0 & R_3 & 0 & 0 & 0 \\ 0 & 0 & R_4 & 0 & 0 \\ 0 & 0 & 0 & R_5 & 0 \\ 0 & 0 & 0 & 0 & j\omega L_6 \end{pmatrix} \begin{pmatrix} I_2 \\ I_3 \\ I_4 \\ I_5 \\ I_6 \end{pmatrix} \tag{5.22}$$

ここで，電圧と電流の添字は素子の添字に合せています．電源の素子特性は表
現できないので含めていません．

電圧源ベクトルを導入してみる

ここで，素子が電圧源である場合に対応するために，式 (5.19) と (5.21) を拡
張します[*7]．回路内に電圧源 $e_k(t)$ がある場合，これも $\mathbf{Z}$ 行列を用いた表現で
表します．具体的には抵抗値がゼロの抵抗が直列につながっていると考え，電
圧源の素子電圧を $v_k(t) = 0 \times i_k + e_k(t)$ と考えることにします．逆に素子が

[*7] この考え方を導入すると，電流源以外の素子電圧が求まり，式 (5.18) を用いて素子電圧と
節点電位の関係が求まります．

抵抗の場合は，値がゼロの電圧源を接続している，$v_k(t) = R_k i_k(t) + 0$ と考えます．そうすることで，各素子における電圧源の値を要素とするベクトル $\mathbf{E}$ を導入します．この考えを用いて，素子特性（式 (5.21)）を以下の通りに書き換えます．

$$\mathbf{V} = \mathbf{ZI} + \mathbf{E} \tag{5.23}$$

例えば，交流定常状態における回路において，1番目の素子が電圧源 E_1，それ以外の素子が複素インピーダンス $(Z_2, Z_3, \cdots)$ ならば，素子特性は以下の通りになります．

$$\begin{pmatrix} V_1 \\ V_2 \\ V_3 \\ \vdots \end{pmatrix} = \begin{pmatrix} 0 & 0 & 0 & \cdots \\ 0 & Z_2 & 0 & \cdots \\ 0 & 0 & Z_3 & \cdots \\ \vdots & \vdots & \vdots & \ddots \end{pmatrix} \begin{pmatrix} I_1 \\ I_2 \\ I_3 \\ \vdots \end{pmatrix} + \begin{pmatrix} E_1 \\ 0 \\ 0 \\ \vdots \end{pmatrix} \tag{5.24}$$

インピーダンス行列の最初の対角要素がゼロであることを確認してください．

例として，図 5.3 の回路の素子特性を，式 (5.24) にならって表すと以下の通りになります．

$$\begin{pmatrix} V_1 \\ V_2 \\ V_3 \\ V_4 \\ V_5 \\ V_6 \end{pmatrix} = \begin{pmatrix} 0 & 0 & 0 & 0 & 0 & 0 \\ 0 & \frac{1}{j\omega C_2} & 0 & 0 & 0 & 0 \\ 0 & 0 & R_3 & 0 & 0 & 0 \\ 0 & 0 & 0 & R_4 & 0 & 0 \\ 0 & 0 & 0 & 0 & R_5 & 0 \\ 0 & 0 & 0 & 0 & 0 & j\omega L_6 \end{pmatrix} \begin{pmatrix} I_1 \\ I_2 \\ I_3 \\ I_4 \\ I_5 \\ I_6 \end{pmatrix} + \begin{pmatrix} E_1 \\ 0 \\ 0 \\ 0 \\ 0 \\ 0 \end{pmatrix} \tag{5.25}$$

5.3 回路の基本方程式を行列で表す

行列がそろったので

これまでの議論で KCL 方程式（式 (5.17)）および KVL 方程式（式 (5.18)），素子特性（式 (5.23)）を行列で表しました．ここでは，これらの式から，回路

の問題を解くための方程式を行列で表すことにします[8]. 行列で表された方程式は連立方程式ですので，それらをコンピュータを用いて数値計算で解くことができます. 導いた方程式を用いて，直流と交流の定常状態の問題をそれぞれ取り扱うことにします. この方法を応用して，第6章では集中定数回路の時間応答の問題を解くことになります. さらに，第10章での伝送線路の境界条件の問題を扱うことが可能になります.

KCL から行列の方程式をつくる

回路内にあるすべての素子電流が含まれる素子電流ベクトルを $\mathbf{I}_0$ とし，電流源以外の素子電流からなるベクトル $\mathbf{I} = (i_1\ i_2\ \cdots)^T$ と独立電流源の電流成分 $\mathbf{J} = (j_1\ j_2\ \cdots)^T$ に分けることにします[9]. つまり，$\mathbf{I}_0 = (\mathbf{I}\ \mathbf{J})^T$ であると考えます[10]. $\mathbf{J}$ は独立電流源として与えられるので既知の値，$\mathbf{I}$ はこれから求めるべき未知の値です. また，これに合せて回路の既約接続行列を $\mathbf{A}_{r_0}$ とし，独立電流源以外の素子からなる部分行列を $\mathbf{A}_r$，独立電流源からなる部分行列を $\mathbf{A}_J$ とします. 独立電圧源は $\mathbf{A}_r$ に含まれていることに注意してください. このとき $\mathbf{A}_{r_0} = (\mathbf{A}_r\ \mathbf{A}_J)$ となります. このときの KCL は $\mathbf{A}_{r_0}\mathbf{I}_0 = \mathbf{0}$ ですが，以下の通り変形できます.

$$\mathbf{A}_{r_0}\mathbf{I}_0 = \begin{pmatrix} \mathbf{A}_r & \mathbf{A}_J \end{pmatrix} \begin{pmatrix} \mathbf{I} \\ \mathbf{J} \end{pmatrix} = \mathbf{0}$$

$$\mathbf{A}_r\mathbf{I} + \mathbf{A}_J\mathbf{J} = \mathbf{0} \tag{5.26}$$

$$\mathbf{A}_r\mathbf{I} = -\mathbf{A}_J\mathbf{J}$$

ここでの式変形は $\mathbf{A}_J\mathbf{J}$ を移項しただけですが，この式で重要なのは，どの値を求めたい（未知）のかを意図的に示したところです. つまり，通常の方程

---

[8] 回路理論の分野では節点方程式，閉路方程式，網目方程式，タブロー方程式などいくつかの手法が開発されています [4]. これらの利点は，素子電圧や素子電流などを一挙に解けるところにあります.

[9] ここでは，議論を簡単にするために，従属電源や相互インダクタのような結合素子は考えていません. 結合素子を含めた議論も可能ですが，式が複雑になるので取り扱わないことにしました.

[10] このような表現は線形代数で部分ベクトルとか部分行列として取り扱われています.

式のように，未知の部分を左辺に，既知の部分を右辺に配置させました．$\mathbf{A}_r$ と $\mathbf{A}_J$ は回路図から求めることができるのでもちろん既知です．$\mathbf{J}$ も独立電流源の電流値なのでこれも既知です．求めるべき未知の変数は $\mathbf{I}$ になります．つまり，式 (5.26) の 3 行目は $\mathbf{I}$ に関する連立方程式となります．

キルヒホッフの電圧則を拡張する

次は KVL 方程式を変形していきます．式 (5.18) を式 (5.23) に代入し，移項すると KVL 方程式と素子特性をまとめた次式が得られます．

$$\mathbf{A}_r^T \mathbf{U} - \mathbf{Z}\mathbf{I} = \mathbf{E} \tag{5.27}$$

この式は節点電位 $\mathbf{U}$ と素子電流 $\mathbf{I}$ を未知数とする連立方程式を意味しています．

回路の問題を解く接続電位方程式

結局，回路の問題を解く場合に必要な方程式は，式 (5.26) と式 (5.27) になります．連立方程式を一気に解くためにこれらを一つの方程式にまとめることにします．部分行列の考えを使います．

$$\begin{pmatrix} \mathbf{A}_r^T & -\mathbf{Z} \\ \mathbf{0} & \mathbf{A}_r \end{pmatrix} \begin{pmatrix} \mathbf{U} \\ \mathbf{I} \end{pmatrix} = \begin{pmatrix} \mathbf{E} \\ -\mathbf{A}_J \mathbf{J} \end{pmatrix} \tag{5.28}$$

ここで太字のゼロ（$\mathbf{0}$）は要素がすべてゼロのベクトルもしくは行列を意味します．電流源を除いた既約接続行列 $\mathbf{A}_r$ の行に対応する節点ポテンシャルと列に対応する素子電流が，求めるべき未知変数である $\mathbf{U}$ と $\mathbf{I}$ であることに気づいてください．このように，式 (5.28) には回路を解くときに必要十分な方程式が含まれていることがわかります．もちろん，回路の問題なので，素子電圧と素子電流を求める必要がありますが，この式では素子電圧ではなく節点電位に置き換わっています．式 (5.28) の方程式を本書では**接続電位方程式**とよぶことにします．

節点電位と素子電流を求めるには，接続電位方程式（式 (5.28)）の行列を作成し，逆行列を求めればよく，解は次の通りになります．

$$\begin{pmatrix} \mathbf{U} \\ \mathbf{I} \end{pmatrix} = \begin{pmatrix} \mathbf{A}_r^T & -\mathbf{Z} \\ \mathbf{0} & \mathbf{A}_r \end{pmatrix}^{-1} \begin{pmatrix} \mathbf{E} \\ -\mathbf{A}_J \mathbf{J} \end{pmatrix} \tag{5.29}$$

　ここで，逆行列を求めることが非常に面倒な作業になります．2×2 の行列ならば問題なく手計算できますが，3×3 になるとかなり計算が大変で，それ以上はほとんどの人がお手上げ状態になります．もちろん式 (5.28) を通常の連立方程式の形に直してせっせと解くこともできますが，以下に示す例題ではコンピュータを用いて逆行列を求めていくことにします．

基本は電位（ポテンシャル）

　回路の問題を解くならば，素子電圧と素子電流を求めるような方程式が理想かもしれません．ただ節点電位を求めてから，式 (5.18) を用いて素子電圧を求めれば問題ありません．コンピュータで計算すればすぐです．節点電位を未知数にしている理由は，本来電磁気学（力学でもそうです）が無限遠を電位のゼロ点とした絶対値としてのポテンシャルを考えるからです．一方，回路で解くべき素子電圧はポテンシャルの相対値になります．第 8 章以降で議論する伝送線路理論は電磁気学を基礎としているので，ポテンシャルで考えます．伝送線と集中定数回路を接続して考えるにはこの表記が便利です．また，方程式そのものがシンプルな形になるからという意味もあります．

直流定常状態の問題を解いてみましょう

　図 5.6 に示すように直流電圧源 $E_1 = 5[\mathrm{V}]$ と抵抗 $R_2 = 2[\Omega]$，$R_3 = 2[\Omega]$，$R_4 = 4[\Omega]$ からなる回路において，抵抗の素子電圧と素子電流を求めます．図のように電流の向きを設定し，（比較するために）KVL 方程式と KCL 方程式，素子特性から素子電圧と素子電流を手計算で求めると以下の通りになります．

$$v_1 = E_1（既知）= 5[\mathrm{V}], \quad i_1 = -\frac{R_3 + R_4}{R_2 R_3 + R_3 R_4 + R_4 R_2} E_1 = 1.5[\mathrm{A}]$$

$$v_2 = \frac{R_2 R_3 + R_4 R_2}{R_2 R_3 + R_3 R_4 + R_4 R_2} E_1 = 3[\mathrm{V}], \quad i_2 = \frac{R_3 + R_4}{R_2 R_3 + R_3 R_4 + R_4 R_2} E_1 = 1.5[\mathrm{A}]$$

$$v_3 = \frac{R_3 R_4}{R_2 R_3 + R_3 R_4 + R_4 R_2} E_1 = 2[\mathrm{V}], \quad i_3 = \frac{R_4}{R_2 R_3 + R_3 R_4 + R_4 R_2} E_1 = 1[\mathrm{A}]$$

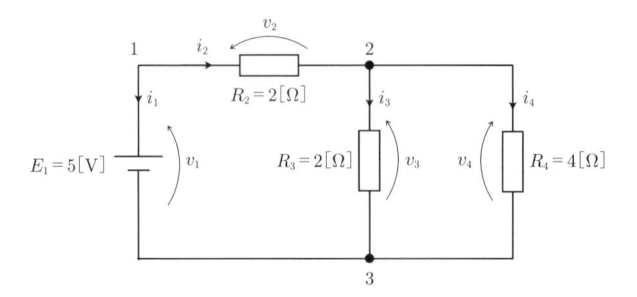

図 **5.6** 接続電位
方程式の例題.

$$v_4 = \frac{R_3 R_4}{R_2 R_3 + R_3 R_4 + R_4 R_2} E_1 = 2[\mathrm{V}], \quad i_4 = \frac{R_3}{R_2 R_3 + R_3 R_4 + R_4 R_2} E_1 = 0.5[\mathrm{A}],$$

$$u_1 = E_1 \,(既知) = 5[\mathrm{V}], \quad u_2 = \frac{R_3 R_4}{R_2 R_3 + R_3 R_4 + R_4 R_2} E_1 = 2[\mathrm{V}]$$

$$(5.30)$$

次に，接続電位方程式（式 (5.28)）をつくります．この回路には電流源があ
りませんので，$\mathbf{A}_J \mathbf{J} = \mathbf{0}$ になります．以下の通りに，節点 3 を基準節点とした
既約接続行列 $\mathbf{A}_r$ をつくります．

$$\mathbf{A}_r = \begin{array}{c} \\ u_1 \\ u_2 \end{array} \begin{array}{cccc} E_1 & R_2 & R_3 & R_4 \\ \left(\begin{array}{cccc} 1 & 1 & 0 & 0 \\ 0 & -1 & 1 & 1 \end{array} \right) \end{array}$$

上の $\mathbf{A}_r$ に対応するインピーダンスの行列 $\mathbf{Z}$ と電源ベクトル $\mathbf{E}$ は以下の通りに
なります．

$$\mathbf{Z} = \begin{array}{c} E_1 \\ R_2 \\ R_3 \\ R_4 \end{array} \left(\begin{array}{cccc} 0 & 0 & 0 & 0 \\ 0 & R_2 & 0 & 0 \\ 0 & 0 & R_3 & 0 \\ 0 & 0 & 0 & R_4 \end{array} \right), \quad \mathbf{E} = \left(\begin{array}{c} E_1 \\ 0 \\ 0 \\ 0 \end{array} \right)$$

これらの行列を式 (5.29) に適用すると次の通りになります．

$$
\begin{pmatrix} u_1 \\ u_2 \\ i_1 \\ i_2 \\ i_3 \\ i_4 \end{pmatrix} = \begin{pmatrix} 1 & 0 & 0 & 0 & 0 & 0 \\ 1 & -1 & 0 & -R_2 & 0 & 0 \\ 0 & 1 & 0 & 0 & -R_3 & 0 \\ 0 & 1 & 0 & 0 & 0 & -R_4 \\ 0 & 0 & 1 & 1 & 0 & 0 \\ 0 & 0 & 0 & -1 & 1 & 1 \end{pmatrix}^{-1} \begin{pmatrix} E_1 \\ 0 \\ 0 \\ 0 \\ 0 \\ 0 \end{pmatrix} \tag{5.31}
$$

この通り，6×6 の逆行列を求めなければなりません．図 5.6 のような簡単な回路図であっても，逆行列を求めるのが大変だということがわかります．これはコンピュータに任せるほかないでしょう．$(\mathbf{U} \ \mathbf{I}) = (u_1 \ u_2 \ i_1 \ i_2 \ i_3 \ i_4)$ を計算し，引き続き $\mathbf{V} = \mathbf{A}_r^T \mathbf{U} = (v_1(= E1) \ v_2 \ v_3 \ v_4)$ を計算すると式 (5.30) と同じ結果が得られます．逆行列を計算するプログラムをつくりコンピュータに計算させた結果を以下に示します．

```
--------------------------------
(U I)= [ 5.   2.  -1.5  1.5  1.   0.5]
--------------------------------
V= [ 5.  3.  2.  2.]
}
--------------------------------
```

シンボリックに解を求めることもできます．プログラムを実行すると以下のような表示が得られます．こちらも式 (5.30) と比較してください．

```
--------------------------------
(U I)= Matrix([
[                              E1],
[    E1*R3*R4/(R2*R3 + R2*R4 + R3*R4)],
[-E1*(R3 + R4)/(R2*R3 + R2*R4 + R3*R4)],
[ E1*(R3 + R4)/(R2*R3 + R2*R4 + R3*R4)],
[        E1*R4/(R2*R3 + R2*R4 + R3*R4)],
[        E1*R3/(R2*R3 + R2*R4 + R3*R4)]])
--------------------------------
```

```
V= Matrix([
[                                          E1],
[E1*R2*(R3 + R4)/(R2*R3 + R2*R4 + R3*R4)],
[       E1*R3*R4/(R2*R3 + R2*R4 + R3*R4)],
[       E1*R3*R4/(R2*R3 + R2*R4 + R3*R4)]])
-------------------------------
```

　今回はシンボリック計算がうまくいきましたが，いつでもこのようにきれい
な解が得られるとは限りません．手計算も大事ですのでコンピュータだけに頼
らないようにしてください．

問 5.2　図 5.7 の回路（これは図 5.6 における電圧源 E_1 を電流源 J_1 に変えた
ものです）において，各素子の電圧と電流を数値計算を用いて解いてください．

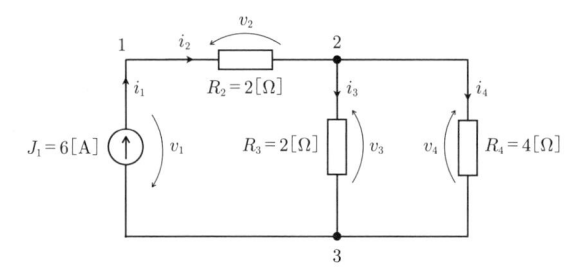

図 **5.7**
問 5.2 の回路.

交流定常状態を解く

　交流定常状態の問題も同様に解いていきます．図 5.8 に示す，相互インダクタを
含む回路を考えます．この問題をまず解析的に解いてみます．L_3 に上から下向き
に流れる電流を I と設定すると，KVL 方程式は $j\omega L_3 I + j\omega M J_0 - I R_4 - V = 0$，
C_5 の素子特性は $-I = j\omega C_5 V$（電流の向きに注意）ですので，この 2 式から
V が以下のように求まります．

$$V = \frac{j\omega M J_0}{1 - \omega^2 C_5 L_3 - j\omega C_5 R_4} \tag{5.32}$$

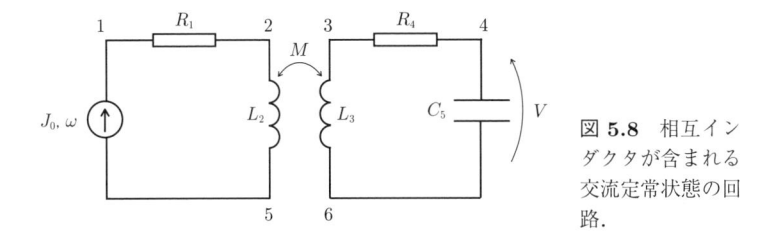

図 5.8 相互イン
ダクタが含まれる
交流定常状態の回
路.

　相互インダクタによって回路が二つに分かれているので，基準節点を 5 と 6
にして計算に必要な行列とベクトルを以下の通りつくります.

$$
\mathbf{A} =
\begin{array}{c}
 \\ 1 \\ 2 \\ 3 \\ 4
\end{array}
\begin{array}{ccccc}
R_1 & L_2 & L_3 & R_4 & C_5 \\
\left(\begin{array}{ccccc}
1 & 0 & 0 & 0 & 0 \\
-1 & 1 & 0 & 0 & 0 \\
0 & 0 & 1 & -1 & 0 \\
0 & 0 & 0 & 1 & 1
\end{array}\right)
\end{array},
\quad
\mathbf{Z} =
\begin{array}{c}
R_1 \quad L_2 \quad L_3 \quad R_4 \quad C_5 \\
\left(\begin{array}{ccccc}
R_1 & 0 & 0 & 0 & 0 \\
0 & j\omega L_2 & j\omega M & 0 & 0 \\
0 & j\omega M & j\omega L_3 & 0 & 0 \\
0 & 0 & 0 & R_4 & 0 \\
0 & 0 & 0 & 0 & \frac{1}{j\omega C_5}
\end{array}\right)
\end{array},
$$

$$
\mathbf{E} = \begin{pmatrix} 0 & 0 & 0 & 0 & 0 \end{pmatrix}^T, \quad
\mathbf{A}_J\mathbf{J} = \begin{pmatrix} J & 0 & 0 & 0 \end{pmatrix}^T
$$

$$(5.33)$$

式 (5.29) を用いて，Python を用いて数値計算をすると，以下の答えが得られ
ます.

```
------------------------------
V@C5= -1.0*I*J0*M*w/(C5*w*(L3*w - 1.0*I*R4) - 1.0)
------------------------------
```

ここで，用いているプログラムライブラリの設定より I は虚数単位，w は角周波数 ω
のことです. 式がまとまっていませんが，式 (5.32) と同じ結果が得られています.

問 5.3 図 5.8 の回路において，$J_0 = 1.0[\mathrm{A}]$，$R_1 = 1[\Omega]$，$L_2 = L_3 = 1.0[\mathrm{H}]$，
$R_4 = 1.0 \times 10^{-2}[\Omega]$，$M = 0.5[\mathrm{H}]$ のとき，$|V|$ および $\angle V$ の角周波数依存性
をプログラムを用いてグラフ化してください.

第6章

集中定数回路の数値計算法

　実際に回路を設計する場合，回路の動作確認をあらかじめ数値計算を用いて行います．ここでは，集中定数回路の数値計算方法について説明します．

6.1　回路の数値計算法

すでに回路の数値計算手法はあるが

　集中定数回路の数値計算手法としては SPICE が非常に有名です．フリーのものがいくつも出回っており，筆者も回路設計で利用しています．そうなると，数値計算について説明する必要はないのでは，という疑問が出てきますが，利用するにしてもある程度中身がわかっているのがベターです．ただ，SPICE をそのまま本書で勉強するには難しいかと思いますので，これまで学んだ知識を用いて回路の数値計算について学ぶことにします．

ポイントは差分化と漸化式

　微分方程式を数値計算で解くプログラムをつくるのは難しいように思えるかもしれません．もちろん結果の妥当性や誤差，計算速度などを議論すると，いろいろ考慮しなければならないことが出てきます．ただ解法のポイントをつかめば意外と簡単に解いていくことができます．

　一つめのポイントは，とびとびの値を取り扱うということです．具体的には，

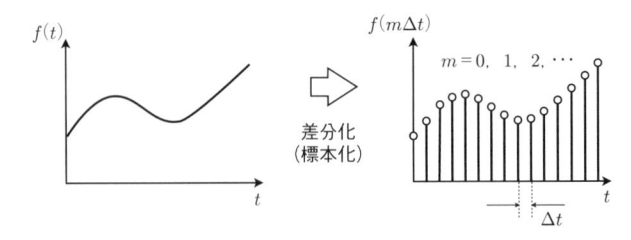

図 **6.1**　コンピュータでは差分化された数値や時間を扱います.

図 6.1 に示すように, Δt の時刻ごとに計算を行います. これを**差分化**とか**標本化**といいます. 実際にあまり意識していませんが, コンピュータで行っている計算も値は差分化されています.

もう一つのポイントは, コンピュータで微分方程式を解く場合, 過去に解いた値を用いて, 次の時間の解を計算していきます. つまり高校のときに勉強した漸化式を用いて解くことで計算を繰り返し, 解を求めていきます.

微分を差分化してみる

コンピュータでシミュレーションするには, 差分化された値を扱うので, $\Delta t \to 0$ のような連続的な値にはできません. そこで, Δt はプログラムで設定する有限な値として, 以下のような置換えをします.

$$dt \to \Delta t \tag{6.1}$$

また, 時刻 $t = m\Delta t \ (m = 0, 1, 2, \cdots)$ における電圧を, 以下のように Δt を省略して表現します.

$$v(m\Delta t) \to V^m \tag{6.2}$$

1 階微分の定義は,

$$\frac{dv(t)}{dt} = \lim_{\Delta t \to 0} \frac{v(t + \Delta t) - v(t)}{\Delta t} \tag{6.3}$$

ですが, 下記の通りでも定義できます.

$$\frac{dv(t)}{dt} = \lim_{\Delta t \to 0} \frac{v(t) - v(t - \Delta t)}{\Delta t} \tag{6.4}$$

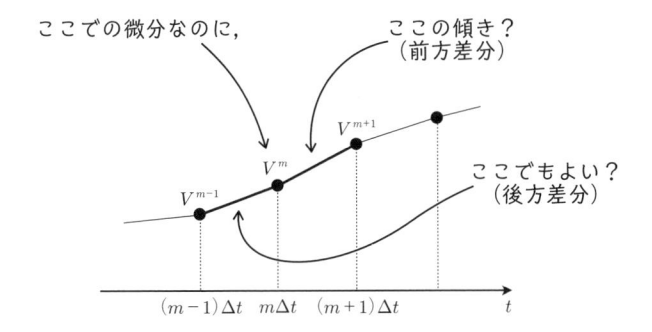

図 **6.2** 差分化した場合，微分の定義をどう表現するか注意が必要です．

式 (6.3) および式 (6.4) の定義をそれぞれ前方差分および後方差分といいます．前方差分と後方差分の違いを図6.2に示します．つまり $\Delta t > 0$ の場合，$t = m\Delta t$ での微分の値を前方 $((m+1)\Delta t)$ を用いるのか後方 $((m-1)\Delta t)$ を用いるのかで値が異なります．通常の微分では $\Delta t \to 0$ なのでどちらも同じ値になります．

1 階微分の漸化式は，それぞれ以下の通りになります[*1]．

$$\text{前方差分：} \frac{dv(t)}{dt} \to \frac{V^{m+1} - V^m}{\Delta t} \tag{6.6a}$$

$$\text{後方差分：} \frac{dv(t)}{dt} \to \frac{V^m - V^{m-1}}{\Delta t} \tag{6.6b}$$

RC 回路でやってみると

この違いによってもちろんシミュレーションのふるまいが異なることが予想されますが，実際にどのような違いがあるのかを見ていきましょう．第 2 章で取り扱った RC 回路（図 6.3，47 ページ図 2.6 と同じ）において，キャパシタ C の素子電圧 $v(t)$ $(t > 0)$ をシミュレーションすることを考えてみます．微分方程式はすでに求めているので，それを再度記述します．

$$\frac{dv(t)}{dt} + \frac{1}{RC}v(t) = \frac{E}{RC} \tag{6.7}$$

[*1] この他にも，

$$\frac{dv(t)}{dt} \to \frac{V^{m+1} - V^{m-1}}{2\Delta t} \tag{6.5}$$

と置くこともあり，これを中央差分といいます．興味のある人はこの方法でもプログラムをつくってみてください．

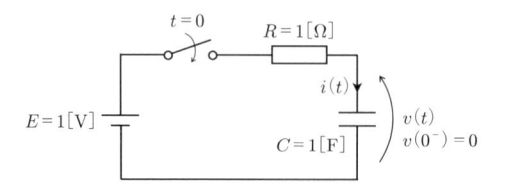

図 6.3　RC 直列回路.

前方差分 (6.6a) の式を用いると，微分方程式 (6.7) は以下のようになります．

$$\frac{V^{m+1} - V^m}{\Delta t} + \frac{1}{RC}V^m = \frac{E}{RC} \tag{6.8}$$

これを式変形して漸化式が得られます．

$$前方差分: V^{m+1} = \left(1 - \frac{\Delta t}{RC}\right)V^m + \frac{E\Delta t}{RC} \tag{6.9}$$

同様に，後方差分 (6.6b) の式を用いると，以下の漸化式が得られます．

$$後方差分: V^m = \frac{RC}{RC + \Delta t}V^{m-1} + \frac{E\Delta t}{RC + \Delta t} \tag{6.10}$$

　ここまでくると，プログラミングで $v(t)$ を求めることができます．例えば，前方差分では，式 (6.9) より，$t = 0$（つまり $m = 0$）の電圧が $v(0) = 0$ なので，その値を用いて $m = 1, 2, \cdots$ の値を逐次計算していきます．

$$m = 0: V^0 = 0$$
$$m = 1: V^1 = \left(1 - \frac{\Delta t}{RC}\right) \times V^0 + \frac{E\Delta t}{RC}$$
$$m = 2: V^2 = \left(1 - \frac{\Delta t}{RC}\right) \times V^1 + \frac{E\Delta t}{RC}$$
$$\vdots$$

前方および後方差分それぞれを計算し，グラフにしたものを図 6.4 に示します．図 6.4 では Δt の値を変えています．前方差分と後方差分でずれる向きが異なることがわかりますが，Δt が数値計算の時間スケール（この場合は 1[s]）よりも十分小さいときには，解析的に求めた場合（式 (2.19)）に近づいていることがわかります．

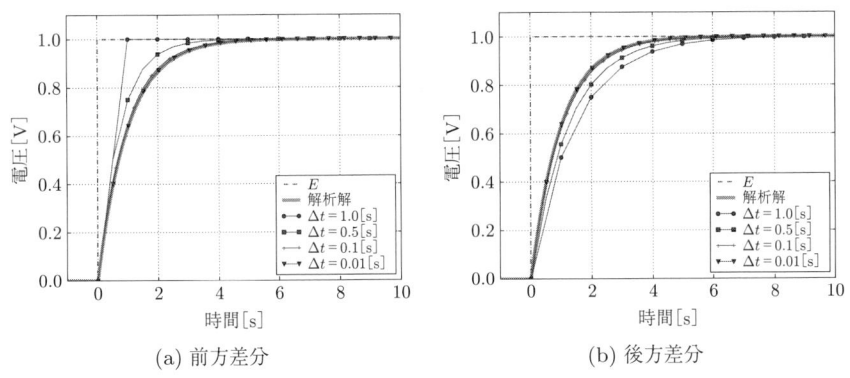

(a) 前方差分　　　　　　　　　(b) 後方差分

図 6.4 図 6.3 の RC 直列回路を式 (6.9) と式 (6.10) のシミュレーションで解いたグラフ．$\Delta t = 1.0, 0.5, 0.1, 0.01$[s] と解析的に解いた式（式 (2.19)，図中「解析解」）の場合を示します．

なお，$t = 0$ でスイッチを入れる場合のように電圧がヘビサイド関数のように急激に変わる場合，少し傾きをもたせなければシミュレーションが不安定になる場合があります．つまり以下のように配列の成分を変更します．

$$\cdots, \ V^{k-1} = 0.0, \ V^k = 1.0, \ V^{k+1} = 1.0, \cdots$$
$$\rightarrow \ \cdots, \ V^{k-1} = 0.0, \ V^k = 0.5, \ V^{k+1} = 1.0 \tag{6.11}$$

2 階微分はどうなる？

少し複雑になりますが，2 階微分の項も同様に差分化することができます．前方差分を適用した場合を以下に示します．

$$\frac{d^2 v(t)}{dt^2} = \frac{d}{dt}\frac{dv(t)}{dt} \rightarrow \frac{d}{dt}\frac{V^{m+1} - V^m}{\Delta t}$$
$$\rightarrow \frac{1}{\Delta t}\left(\frac{V^{m+1} - V^m}{\Delta t} - \frac{V^m - V^{m-1}}{\Delta t}\right)$$
$$= \frac{V^{m+1} - 2V^m + V^{m-1}}{(\Delta t)^2} \tag{6.12}$$

2 階の常微分方程式を数値計算で解くための例題として，49 ページ（図 2.8）で解いた RLC 直列共振回路の時間応答を取り上げてみます．回路図を図 6.5 に再度示します．キャパシタ C の素子電圧 $v(t)$ に関する微分方程式は次の通りでした．

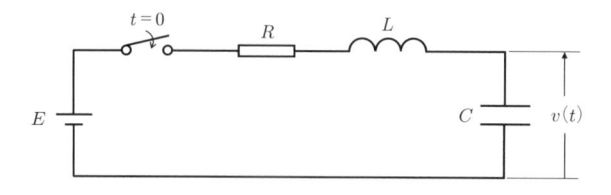

図 **6.5** RLC 直列共振回路. 図 2.8(49ページ) と同じものです.

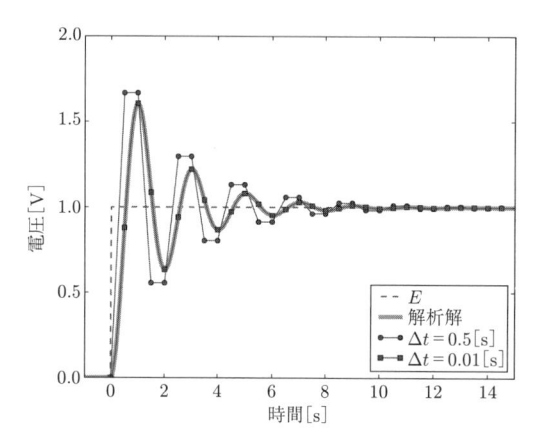

図 **6.6** RLC 直列共振回路 (図6.5) の時間応答. 解析解と Δt を変えたシミュレーションでの結果を示しています. $R = 1.0[\Omega]$, $C = 1.0 \times 10^{-1}[\mathrm{F}]$, $L = 1.0[\mathrm{H}]$, $E = 1.0[\mathrm{V}]$.

$$LC\frac{d^2v(t)}{dt^2} + RC\frac{dv(t)}{dt} + v(t) = E \tag{6.13}$$

式 (6.6a) および式 (6.12) を用いて，式 (6.13) から漸化式を以下の通り導くことができます.

$$V^{m+1} = \frac{L(\Delta t)^2}{L + R\Delta t}\left(\frac{2LC + \Delta t RC - \Delta t^2}{LC(\Delta t)^2}V^m - \frac{1}{(\Delta t)^2}V^{m-1} + \frac{1}{LC}E\right) \tag{6.14}$$

これを用いて問題を解いた結果を図 6.6 に示します. 1 階微分のときと同様に，Δt が大きいと少し解析解とのずれが大きいことがわかります.

これで回路でないさまざまな問題が解ける

議論が少しずれますが，回路に限らず多くの自然現象が常微分方程式でモデル化される場合があります. また，1 階もしくは 2 階の線形常微分方程式として取り扱う場合が多いので，本章で述べていることを理解できれば回路以外の

問題にも取り組むことができます．回路の常微分方程式はいわゆる「線形」ですが，「非線形」の問題もこれで解けることになります．

2階の微分方程式が限界？

この方法ですと，回路ごとに微分方程式 → 漸化式をつくらなくてはならないのが非常に面倒です．また，微分方程式の階数が上がるにつれて，漸化式も複雑になっていきます．階数が3以上になると，この方法を用いるのは難しいように思われます．できれば，どのような回路図であっても，機械的に問題を解ける数値計算の方法が望まれます．次節以降では第5章で導出した行列を用いた回路の方程式を利用して，時間領域での回路の数値計算を行えるようにします．

6.2 時間領域でのインピーダンス

複素インピーダンスは使えないので

第5章で行列を用いた手法は，回路図が与えられると既約接続行列 $\mathbf{A}_r$ と素子特性を示すインピーダンスを行列にした $\mathbf{Z}$ を機械的につくることができ，接続電位方程式（式 (5.28)）をつくることができました．ただこの方程式は，受動素子が抵抗のみの回路か，交流定常状態で用いるのが前提でした．ポイントになるのは $\mathbf{Z}$ 行列です．$\mathbf{Z}$ 行列の行列要素は，交流定常状態では複素インピーダンスになりますが，時間領域で過渡応答を見る場合には，もちろん複素インピーダンス $1/(j\omega C)$ や $j\omega L$ を用いることはできません．

ここからは式 (5.28) を変形して漸化式をつくり，少し複雑な回路でも過渡応答の数値計算をできるようにします．コンピュータで計算できるように，各素子の電圧と電流の関係から**時間領域でのインピーダンス**を定義していきたいと思います．

キャパシタ

キャパシタにおける電圧と電流の関係は $i(t) = C\frac{dv(t)}{dt}$ ですので，微分の項を次の通り差分化します．

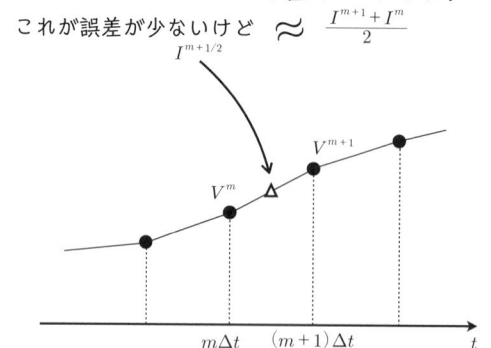

図 **6.7** （天下り的ですが）今後のためにここでは平均値をとることにします.

$$\frac{dv(t)}{dt} \rightarrow \frac{V^{m+1} - V^m}{\Delta t} \tag{6.15}$$

この式を用いてキャパシタの素子特性を表す場合, 前方差分か後方差分を用いることもできますが, 誤差を少なくするために図 6.7 に示すように, 半整数 $m+1/2$ での電流値 $I^{m+1/2}$ を用いることが考えられます. ただ, 計算で半整数をとるのは無理なので, 前後の整数 m および $m+1$ での電流値の平均を用いることにします. この方法を用いることで誤差がどれくらい少なくなるのかという検証が必要かと思いますが, 時間領域のインピーダンスを定義するためこのやり方を導入したと考えてください. この考えをキャパシタの素子特性に適用し以下のように差分化します.

$$i(t) = C\frac{dv(t)}{dt} \rightarrow \frac{I^{m+1} + I^m}{2} = C\frac{V^{m+1} - V^m}{\Delta t} \tag{6.16}$$

この式は漸化式ですので, 新たに求めたい（未知である）時刻 $m+1$ の項を左辺に, すでに求まっている（既知である）時刻 m の項を右辺に置くよう式変形します.

$$V^{m+1} - \frac{\Delta t}{2C}I^{m+1} = V^m + \frac{\Delta t}{2C}I^m \tag{6.17}$$

時刻 m の状態が既知であるならば, そこから次の時間 $(m+1)$ の値を求めるということを意味しています. つまり, 一般的な方程式のように, 未知数を左辺, 既知の数を右辺に配置しているという意識です. ここで注目すべき点は, I^{m+1} と I^m の係数である $\Delta t/(2C)$ です. この係数は次元としては抵抗と同じです.

イ ン ダ ク タ

インダクタもキャパシタと同様に考えていきます．インダクタにおける電圧と電流の関係は $v(t) = L\frac{di(t)}{dt}$ です．キャパシタの場合と同様に考え，以下の通りに差分化します．

$$v(t) = L\frac{di(t)}{dt} \ \rightarrow \ \frac{V^{m+1} + V^m}{2} = L\frac{I^{m+1} - I^m}{\Delta t} \tag{6.18}$$

同様に式を変形し，時刻 $m+1$ の項を左辺に，時刻 m の項を右辺に並べます．

$$V^{m+1} - \frac{2L}{\Delta t}I^{m+1} = -V^m - \frac{2L}{\Delta t}I^m \tag{6.19}$$

キャパシタの場合と同様に，I^{m+1} と I^m の係数である $2L/\Delta t$ の次元は抵抗と同じです．

抵　　抗

抵抗の素子電圧と素子電流の関係は $v(t) = Ri(t)$ なので，$V^m = RI^m$ でよいということになります．ただ，この後に説明するキャパシタやインダクタは電圧と電流に微分の関係があるので，それらに対応するために，ここでは以下のように，一つ前の時間との平均をとる表現を採用します．

$$\frac{V^{m+1} + V^m}{2} = R\frac{I^{m+1} + I^m}{2} \tag{6.20}$$

式を変形して，時刻 $m+1$ の項を左辺に，時刻 m の項を右辺に並べます．

$$V^{m+1} - RI^{m+1} = -V^m + RI^m \tag{6.21}$$

ここでは V^{m+1} と I^{m+1} の二つの値が求めるべき値です．

独 立 電 源

独立電圧源 $e(t)$ の素子電圧を $v(t)$ と置くことにすると，$v(t) = e(t)$ となり，以下の通り差分化できます．

$$\frac{V^{m+1} + V^m}{2} = \frac{E^{m+1} + E^m}{2} \tag{6.22}$$

これまでの議論と同様に時刻 $m+1$ の項を左辺に配置すると以下の通りになります.

$$V^{m+1} = -V^m + (E^{m+1} + E^m) \tag{6.23}$$

ここで，E^{m+1} は既知の量なので，右辺に置いています.

　独立電流源の場合も同様の議論ができます. 電圧は周辺の回路によって決まるので素子電流に関する式は $i(t) = j(t)$ となります. この式も標本化すると,

$$\frac{I^{m+1} + I^m}{2} = \frac{J^{m+1} + J^m}{2} \tag{6.24}$$

が得られ,

$$I^{m+1} = -I^m + (J^{m+1} + J^m) \tag{6.25}$$

となります. この電流値の関係式を使うこともできますが，KCL はどの節点でも成り立つので，以下のような式を用いても問題ありません.

$$I^{m+1} = J^{m+1} \tag{6.26}$$

時間領域インピーダンスを用いた数値計算例

　まだまだ議論の途中ですが，ここで行った差分化と，前方差分・後方差分との違いを見てみましょう. 例として，図 6.3 の RC 直列回路をこの方法を用いて解きます. 電流を $i(t)$ と置くと，$t > 0$ において KVL 方程式は $E - Ri(t) - v(t) = 0$ です. これを時間領域インピーダンスの考え方で差分化すると以下の漸化式が得られます.

$$\frac{E^{m+1} + E^m}{2} - R\frac{I^{m+1} + I^m}{2} - \frac{V^{m+1} + V^m}{2} = 0$$

ここで，$E^{m+1} = E^m = E$ です. 式 (6.16) を第 2 項に代入し，I^{m+1} と I^m を消去すると次式が得られます.

$$\frac{E^{m+1} + E^m}{2} - RC\frac{V^{m+1} - V^m}{\Delta t} - \frac{V^{m+1} + V^m}{2} = 0$$

式を変形すると，V^{m+1} に関する漸化式が得られます.

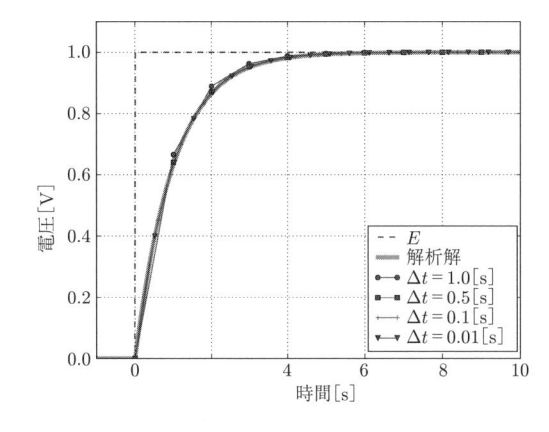

図 6.8 図 6.3 を式 (6.27) のシミュレーションで解いたグラフ. $\Delta t = 1.0, 0.5, 0.1, 0.01\,[\mathrm{s}]$ と解析的に解いた場合（式 (2.19), 47 ページ）を示します.

$$\left(\frac{2CR}{\Delta t}+1\right)V^{m+1} = \left(\frac{2CR}{\Delta t}-1\right)V^m + E^{m+1} + E^m \tag{6.27}$$

初期値 $V^{m=0}=0$ として，これを $m=1$ から順番に解いていけば，$v(t)$ のグラフが求まります．図 6.8 にシミュレーションを行った結果を示します．前方差分や後方差分の結果と比べると，Δt の影響が少ないことがわかります．この方法は Δt による誤差は少ないのですが，漸化式をわざわざつくらなければならず，面倒なのは変わりません．

オームの法則の漸化式を一般化する

ここでもう一度，独立電流源を除く各素子の電圧と電流の漸化式を見ることにします．

$$
\begin{aligned}
\text{抵抗:}\ & V^{m+1} - RI^{m+1} = -V^m + RI^m \\
\text{キャパシタ:}\ & V^{m+1} - \frac{\Delta t}{2C}I^{m+1} = V^m + \frac{\Delta t}{2C}I^m \\
\text{インダクタ:}\ & V^{m+1} - \frac{2L}{\Delta t}I^{m+1} = -V^m - \frac{2L}{\Delta t}I^m \\
\text{独立電圧源:}\ & V^{m+1} = -V^m + (E^{m+1} + E^m)
\end{aligned}
\tag{6.28}
$$

これらの式は素子電圧と素子電流の関係を示している，いわばオームの法則の関係を示しています[*2]．これらの式より，独立電流源以外の素子の電圧と電流

[*2] 独立電圧源の場合は $R=0$ と考えてください．

を以下の通り一般化できます.

$$V^{m+1} - ZI^{m+1} = -(\epsilon V^m - \delta Z I^m) + (E^{m+1} + E^m) \tag{6.29}$$

ただし, Z および ϵ, δ, E^m は以下の通りです.

$$Z = \begin{cases} R & \text{（抵抗）} \\ \frac{\Delta t}{2C} & \text{（キャパシタ）} \\ \frac{2L}{\Delta t} & \text{（インダクタ）} \\ 0 & \text{（独立電圧源）} \end{cases} \tag{6.30}$$

$$\epsilon = \begin{cases} 1 & \text{（キャパシタ以外）} \\ -1 & \text{（キャパシタ）} \end{cases} \tag{6.31}$$

$$\delta = \begin{cases} 1 & \text{（インダクタ以外）} \\ -1 & \text{（インダクタ）} \end{cases} \tag{6.32}$$

$$E^m = 0 \quad \text{（独立電圧源以外）} \tag{6.33}$$

回路の中には複数の素子があるので, これらの関係をベクトルと行列で表現することにします. なぜなら, 数値計算をするには行列を使うのが都合がよいからです. 例えば, 素子が n 個ある場合, 素子電圧をまとめた素子電圧ベクトルは $\mathbf{V}^m = (V_1^{m+1}, V_2^{m+1}, \cdots, V_n^{m+1})^T$ （下付きの数字は素子の番号）となります. 同様に素子電流ベクトルは $\mathbf{I}^m = (I_1^{m+1}, I_2^{m+1}, \cdots, I_n^{m+1})^T$ となります. このように, 素子電圧ベクトル $\mathbf{V}^m$ と素子電流ベクトル $\mathbf{I}^m$ を定義すると, 素子が複数個ある場合, 式 (6.29) は以下に示すベクトルと行列からなる方程式で表現できます.

$$\mathbf{V}^{m+1} - \mathbf{Z}\mathbf{I}^{m+1} = -(\boldsymbol{\epsilon}\mathbf{V}^m - \boldsymbol{\delta}\mathbf{Z}\mathbf{I}^m) + (\mathbf{E}^{m+1} + \mathbf{E}^m) \tag{6.34}$$

ここで, $\mathbf{Z}$ は対角行列で, その成分 Z_{jj} $(j = 1, 2, \cdots, n)$ は, j 番目の素子の種類によって異なります.

$$Z_{jj} = \begin{cases} R & \text{（抵抗）} \\ \frac{\Delta t}{2C} & \text{（キャパシタ）} \\ \frac{2L}{\Delta t} & \text{（インダクタ）} \\ 0 & \text{（独立電圧源）} \end{cases} \tag{6.35}$$

ϵ および δ も対角行列であり，それぞれの成分 ϵ_{jj} および δ_{jj} は以下の通りになります．

$$\epsilon_{jj} = \begin{cases} 1 & \text{（キャパシタ以外）} \\ -1 & \text{（キャパシタ）} \end{cases} \tag{6.36}$$

$$\delta_{jj} = \begin{cases} 1 & \text{（インダクタ以外）} \\ -1 & \text{（インダクタ）} \end{cases} \tag{6.37}$$

$\mathbf{E}^m$ は電圧源のベクトルであり，その成分 E_j^m は素子が電圧源の場合はその値となり，それ以外はゼロとなります．

$$E_j^m = \begin{cases} E_j^m & \text{（独立電源の場合）} \\ 0 & \text{（独立電源以外の場合）} \end{cases} \tag{6.38}$$

6.3 数値計算法の一般化

漸化式を一般化する

RC 直列回路の場合（128 ページ）のように，回路図が簡単な場合では，式を変形して数値計算のための漸化式をつくることはさほど難しくありません．しかし，素子数が増えると計算が複雑になってきます．仮にある素子の電圧に関する漸化式を作成したとしても，素子電流を求めるには別の漸化式が必要になりますし，回路内の別の素子電圧を求めるには，新たに漸化式をつくらなければなりません．ここではもう少し系統的に数値計算を行うための方法について考えていきたいと思います．ここでも重要なのは，必要な回路の基本方程式（KVL 方程式，KCL 方程式，素子特性）が数値計算の式に反映されている必要があるということです．ここからは，それぞれの漸化式をつくり，どのような

回路図にも対応できる過渡応答に対応した接続電位方程式を考えていくことにします.

KVL 方程式の漸化式との結合

素子電圧ベクトルと回路内の節点電圧ベクトルは,$\mathbf{A}_r^T \mathbf{U} = \mathbf{V}$ の関係があり,それが回路内の KVL のすべてを記述していることは第 5 章（107 ページ）で説明した通りです.素子電圧と節点電圧の関係は微分・積分の関係はないので,これを漸化式として考えるには単に同じ時刻での関係を考えればよく,以下の式が成り立ちます[*3].

$$\mathbf{A}^T \mathbf{U}^m = \mathbf{V}^m \tag{6.39}$$

この関係を式 (6.34) に代入すると,以下の式が得られます.

$$\mathbf{A}^T \mathbf{U}^{m+1} - \mathbf{Z}\mathbf{I}^{m+1} = -(\epsilon \mathbf{A}^T \mathbf{U}^m - \delta \mathbf{Z}\mathbf{I}^m) + (\mathbf{E}^{m+1} + \mathbf{E}^m) \tag{6.40}$$

これが,KVL 方程式とオームの法則を足し合せた,数値計算を行う場合の漸化式になります.

KCL 方程式の漸化式

接続行列を用いた KCL 方程式（$\mathbf{A}_r \mathbf{I} = \mathbf{0}$,107 ページ参照）の漸化式もつくります.ここでは,接続行列を電流源 $\mathbf{A}_J$ とそれ以外の素子 $\mathbf{A}$ の部分行列に分け,素子電流ベクトル $\mathbf{I}$ と電流源ベクトル $\mathbf{J}$ を分けて KCL 方程式を以下のように書き換えます.

$$\underbrace{\left(\mathbf{A} \quad \mathbf{A}_J \right)}_{\text{回路全体の接続行列}} \begin{pmatrix} \mathbf{I} \\ \mathbf{J} \end{pmatrix} = \mathbf{0} \tag{6.41}$$

電流源 $\mathbf{J}$ は既知ですので,$\mathbf{A}\mathbf{I} = -\mathbf{A}_J \mathbf{J}$ と式変形できます.KCL 方程式は任意の時間で成り立ちますので,以下の通り漸化式が得られます.

[*3] ここで,$\mathbf{A}_r$ における r を省略して書いています.今後,伝送線路との接続を考えた場合にも同様の議論をします.このとき,本書では,伝送線では無限遠に電位の基準をとっていますので,既約でない接続行列を使います.表現を統一するために $\mathbf{A}$ として,集中定数回路の問題を解く場合の $\mathbf{A}$ は既約接続行列であると認めることにしてください.

$$\mathbf{A}\mathbf{I}^{m+1} = -\mathbf{A}_J \mathbf{J}^{m+1} \tag{6.42}$$

ここでは，今後の議論のために m ではなく $m+1$ と置いていますが，本質的にはどちらであっても同じです．この式と，式 (6.40) が，回路の基本方程式を網羅した解くべき漸化式（の形の連立方程式）になります．

数値計算のための漸化式

式 (6.40) と (6.42) には，未知数である $\mathbf{U}^{m+1}$ と $\mathbf{I}^{m+1}$ が含まれています．問題を解くには，これら二つの漸化式を用いないといけないので，これらをまとめて記述することにします．つまり，これらを一つの行列として以下の通りにまとめます．

$$\begin{pmatrix} \mathbf{A}^T & -\mathbf{Z} \\ \mathbf{0} & \mathbf{A} \end{pmatrix} \begin{pmatrix} \mathbf{U}^{m+1} \\ \mathbf{I}^{m+1} \end{pmatrix} = \begin{pmatrix} -\epsilon\mathbf{A}^T & \delta\mathbf{Z} \\ \mathbf{0} & \mathbf{0} \end{pmatrix} \begin{pmatrix} \mathbf{U}^m \\ \mathbf{I}^m \end{pmatrix} + \begin{pmatrix} \mathbf{E}^{m+1} + \mathbf{E}^m \\ -\mathbf{A}_J \mathbf{J}^{m+1} \end{pmatrix} \tag{6.43}$$

この式が過渡応答の問題を解く接続電位方程式です．式を変形すると，未知数である $\mathbf{U}^{m+1}$ と $\mathbf{I}^{m+1}$ に関する式が求まります．

$$\begin{aligned} \begin{pmatrix} \mathbf{U}^{m+1} \\ \mathbf{I}^{m+1} \end{pmatrix} &= \begin{pmatrix} \mathbf{A}^T & -\mathbf{Z} \\ \mathbf{0} & \mathbf{A} \end{pmatrix}^{-1} \begin{pmatrix} -\epsilon\mathbf{A}^T & \delta\mathbf{Z} \\ \mathbf{0} & \mathbf{0} \end{pmatrix} \begin{pmatrix} \mathbf{U}^m \\ \mathbf{I}^m \end{pmatrix} \\ &\quad + \begin{pmatrix} \mathbf{A}^t & -\mathbf{Z} \\ \mathbf{0} & \mathbf{A} \end{pmatrix}^{-1} \begin{pmatrix} \mathbf{E}^{m+1} + \mathbf{E}^m \\ -\mathbf{A}_J \mathbf{J}^{m+1} \end{pmatrix} \end{aligned} \tag{6.44}$$

初期値が与えられれば，未知数である $\mathbf{U}^{m+1}$ と $\mathbf{I}^{m+1}$ を計算で繰り返し求めることができます．しかし，式 (6.44) は一見難しそうに見えます．この方法のよいところは $\mathbf{A}$ と $\mathbf{Z}$ を機械的につくって代入すれば，あとは計算機に任せられるところです．プログラムそのものは使い回しができます．実際に専用ウェブサイトから Python プログラムをダウンロードして見てもらえばわかりますが，複雑ではありません．非常に大きい行列の計算をすることになりますが，現在の計算機のパフォーマンスならばまったく問題ありません[*4]．

[*4] これに似た方法としては状態方程式を用いる方法があります [5]．実用的な SPICE シミュレーションでは状態方程式を用いていますが，本書の手法と本質的には同じだと筆者は考えています．

RC 直列回路

これまでも解いてきた RC 直列回路（図 6.3）を，この方法で解いてみたいと思います．難しいように思えますが，以下の手順で解いていけば非常に簡単に解けます．

1. 求めたい $(\mathbf{U}\ \mathbf{I})^T$ をつくり初期値を代入
2. $\mathbf{A}$, $\mathbf{Z}$, $\boldsymbol{\epsilon}$, $\boldsymbol{\delta}$ の各行列を代入
3. 計算を実行
4. 素子電圧を求めるには $\mathbf{V} = \mathbf{A}^T\mathbf{U}$ を計算

図 6.9 の通り節点の番号を定めて，その節点電位を U_1 および U_2, U_3 とします．U_3 を基準節点とした場合，既約接続行列 $\mathbf{A}$（独立電流源を除く）と $\mathbf{Z}$ 行列は以下の通りになります．

$$\mathbf{A} = \begin{array}{c} \\ U_1 \\ U_2 \end{array}\!\!\begin{array}{c} E \quad R \quad C \\ \begin{pmatrix} 1 & 1 & 0 \\ 0 & -1 & 1 \end{pmatrix} \end{array}, \quad \mathbf{Z} = \begin{array}{c} E \\ R \\ C \end{array}\!\!\begin{pmatrix} 0 & 0 & 0 \\ 0 & R & 0 \\ 0 & 0 & \frac{\Delta t}{2C} \end{pmatrix} \tag{6.45}$$

$\boldsymbol{\epsilon}$ 行列と $\boldsymbol{\delta}$ 行列も以下の通りです．$\boldsymbol{\epsilon}$ 行列において，キャパシタ C に対応している行列要素がマイナス（$\epsilon_{33} = -1$）となっているところに注意してください．

$$\boldsymbol{\epsilon} = \begin{array}{c} E \\ R \\ C \end{array}\!\!\begin{pmatrix} 1 & 0 & 0 \\ 0 & 1 & 0 \\ 0 & 0 & -1 \end{pmatrix}, \quad \boldsymbol{\delta} = \begin{array}{c} E \\ R \\ C \end{array}\!\!\begin{pmatrix} 1 & 0 & 0 \\ 0 & 1 & 0 \\ 0 & 0 & 1 \end{pmatrix} \tag{6.46}$$

次に $(\mathbf{U}^m\ \mathbf{I}^m)$ ですが，節点が二つ，素子が 3 なので，ベクトル要素は以下の通りになります．

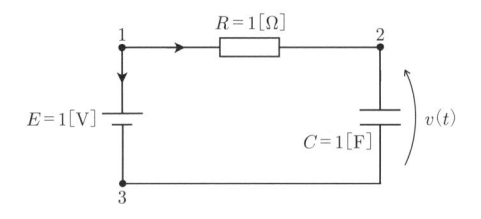

図 **6.9**　$t > 0$ における図 6.3 の RC 直列回路．番号は節点を示します．矢印は設定した電流の向きを表します．

$$\begin{pmatrix} \mathbf{U}^m \\ \mathbf{I}^m \end{pmatrix} = \begin{pmatrix} U_1^m \\ U_2^m \\ I_E^m \\ I_R^m \\ I_C^m \end{pmatrix} \tag{6.47}$$

電圧源 $\mathbf{E}^m$ のベクトル要素は，1 番目の要素が電圧源でそれ以外の要素はゼロになります．

$$\mathbf{E}^m = \begin{pmatrix} e(m\Delta t) \\ 0 \\ 0 \end{pmatrix} \tag{6.48}$$

最後に $\mathbf{A}_J \mathbf{J}$ ですが，そもそも電流源がないため，$\mathbf{A}_J$ も $\mathbf{J}$ も書くことはできません．ただ，値がゼロの電流源がどこにもつながっていないと考えて $\mathbf{A}_J = (0\,0)^T$，$\mathbf{J} = (0)^T$ とすると，次式が得られます[*5]．

$$\mathbf{A}_J \mathbf{J}^{m+1} = \begin{pmatrix} 0 \\ 0 \end{pmatrix} \tag{6.49}$$

　ここまで，行列とベクトルを準備できれば，あとはコンピュータで一挙に解いていくことが可能です．その結果を図 6.10 に示します．

RLC 直列共振回路における矩形波信号に対する応答

　図 6.11(a) に示す RLC 共振回路において，$t > 0$ で図 6.11(b) のように $e_1(t)$ が 4[s] 周期の矩形波を出力する場合のキャパシタ C_4 の素子電圧を求めてみます（$t < 0$ では $e_1(t) = 0$）．周期的な矩形波の問題は，解析的（微分方程式の手法やラプラス変換）で解くのは結構厄介です．式 (6.44) に代入するために用いる行列とベクトルは，4 を基準節点とすると以下の通りに表されます（素子の値は代入せず文字式のままで表現しています）．

[*5] どこにもつながっていない電流源が多数あったとしても同じです．例えば，10 個あったとすると，$\mathbf{A}_J = \begin{pmatrix} 0 & 0 & 0 & 0 & 0 & 0 & 0 & 0 & 0 & 0 \\ 0 & 0 & 0 & 0 & 0 & 0 & 0 & 0 & 0 & 0 \end{pmatrix}$，$\mathbf{J} = (0\,0\,0\,0\,0\,0\,0\,0\,0\,0)^T$ となり，結局 $\mathbf{A}_J \mathbf{J}^{m+1} = \begin{pmatrix} 0 \\ 0 \end{pmatrix}$ が得られます．

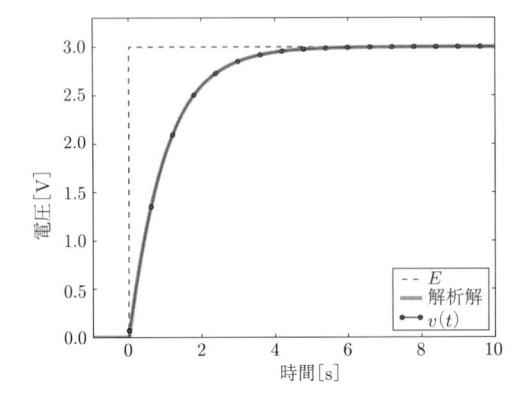

図 6.10　図 6.9 の RC 直列回路の $t > 0$ におけるキャパシタ電圧の時間依存性を式 (6.44) を用いて解いた結果. $\Delta t = 0.1[\mathrm{s}]$ としています.

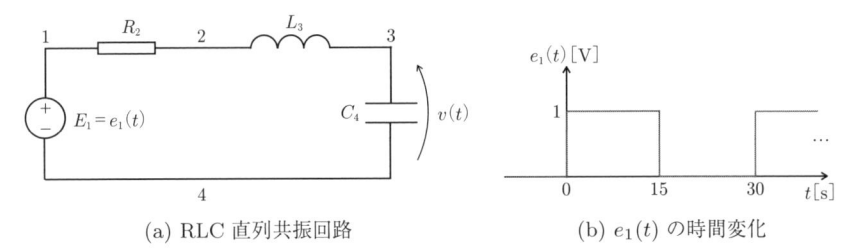

(a) RLC 直列共振回路　　(b) $e_1(t)$ の時間変化

図 6.11　RLC 共振回路の時間応答を見るための回路. R の値を調整して判別式の正, ゼロ, 負を変えてみました. R 以外の値は, $C = 1.0 \times 10^{-1}[\mathrm{F}]$, $L = 1.0[\mathrm{H}]$. 数字は節点の番号を示します.

$$
\mathbf{A} = \begin{array}{c} 1 \\ 2 \\ 3 \end{array}\begin{pmatrix} 1 & 1 & 0 & 0 \\ 0 & -1 & 1 & 0 \\ 0 & 0 & -1 & 1 \end{pmatrix}, \quad
\mathbf{Z} = \begin{array}{c} E_1 \\ R_2 \\ L_3 \\ C_4 \end{array}\begin{pmatrix} 0 & 0 & 0 & 0 \\ 0 & R_2 & 1 & 0 \\ 0 & 0 & \frac{2L_3}{\Delta t} & 0 \\ 0 & 0 & 0 & \frac{\Delta t}{2C_4} \end{pmatrix},
$$

$$
\boldsymbol{\epsilon} = \begin{array}{c} E_1 \\ R_2 \\ L_3 \\ C_4 \end{array}\begin{pmatrix} 1 & 0 & 0 & 0 \\ 0 & 1 & 0 & 0 \\ 0 & 0 & 1 & 0 \\ 0 & 0 & 0 & -1 \end{pmatrix}, \quad
\boldsymbol{\delta} = \begin{array}{c} E_1 \\ R_2 \\ L_3 \\ C_4 \end{array}\begin{pmatrix} 1 & 0 & 0 & 0 \\ 0 & 1 & 0 & 0 \\ 0 & 0 & -1 & 0 \\ 0 & 0 & 0 & 1 \end{pmatrix},
$$

$$\begin{pmatrix} \mathbf{U}^m \\ \mathbf{I}^m \end{pmatrix} = \begin{pmatrix} U_1^m \\ U_2^m \\ U_3^m \\ I_{E_1}^m \\ I_{R_2}^m \\ I_{L_3}^m \\ I_{C_4}^m \end{pmatrix}, \; \mathbf{E}^m = \begin{pmatrix} e_1(m\Delta t) \\ 0 \\ 0 \\ 0 \end{pmatrix}, \; \mathbf{A}_J \mathbf{J}^{m+1} = \begin{pmatrix} 0 \\ 0 \\ 0 \end{pmatrix}$$

$$(6.50)$$

RLC 直列回路の時間応答（49 ページ）で説明したように，解析的に解くには判別式で場合分けしなければなりませんが，この数値計算法では不要です．R_2 の値を変えてグラフ化したものを図 6.12 に示します．

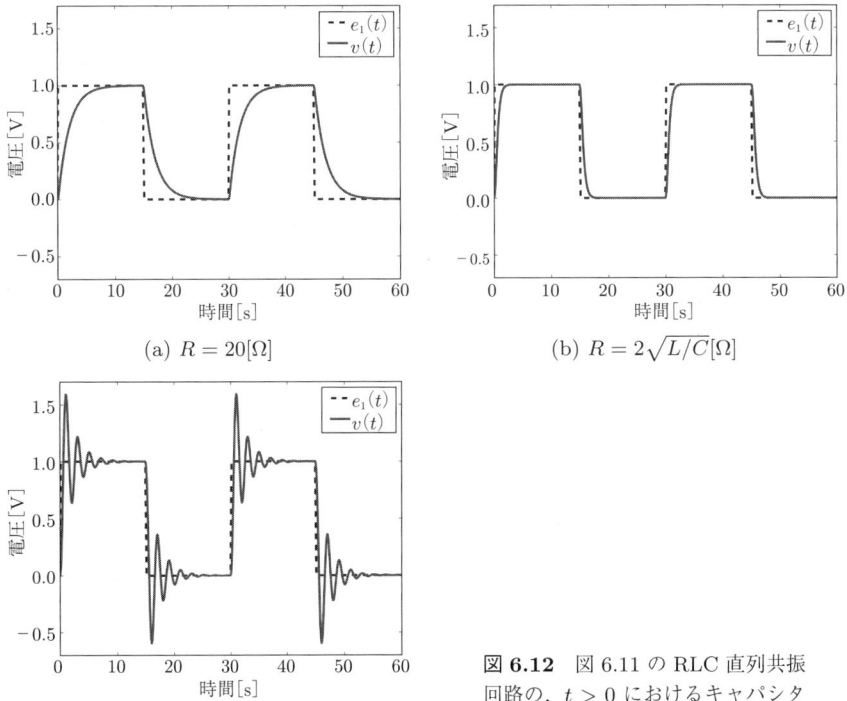

(a) $R = 20[\Omega]$

(b) $R = 2\sqrt{L/C}[\Omega]$

(c) $R = 1[\Omega]$

図 6.12 図 6.11 の RLC 直列共振回路の，$t > 0$ におけるキャパシタ電圧の時間依存性の数値計算結果．

問 6.1 図 6.13 における回路図で，式 (6.43) に対応する方程式（接続電位方程式）を作成してください.

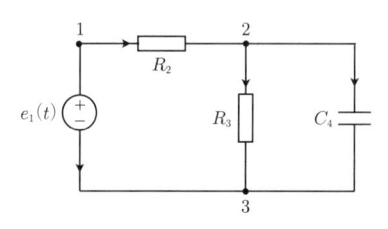

図 6.13 問 6.1 の回路.

解に δ 関数が含まれる場合の数値計算

　図 6.14(a) はキャパシタ C_2 および電圧源 $e(t)$ で閉路をつくっています．$e(t)$ は図 6.14(b) のように矩形波電圧を出力するので，電圧が変化するときには $i(t) = C_2 \frac{dv}{dt} = C_2 \delta(t)$ のような非常に大きなパルス電流が流れることになります．

　接続行列などは以下の通りになります．

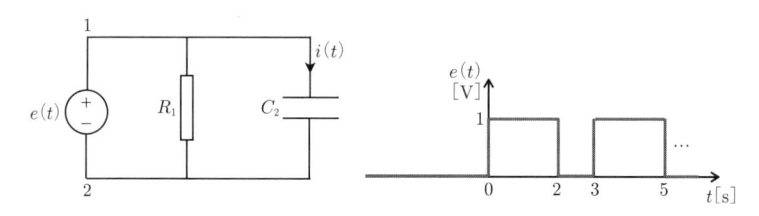

図 6.14 キャパシタ C_2 および独立電圧源 $e(t)$ で閉路をつくる回路．電圧が変化したときに C_2 に大きな電流が流れます．$R_1 = 1.0[\Omega]$, $C_2 = 1.0[\text{F}]$.

$$\mathbf{A} = 1 \begin{matrix} e(t) & R_1 & C_2 \\ \begin{pmatrix} 1 & 1 & 1 \end{pmatrix} \end{matrix}, \ \mathbf{Z} = \begin{matrix} e(t) \\ R_1 \\ C_2 \end{matrix} \begin{pmatrix} 0 & 0 & 0 \\ 0 & R_1 & 0 \\ 0 & 0 & \frac{\Delta t}{2C_2} \end{pmatrix},$$

$$\boldsymbol{\epsilon} = \begin{matrix} e(t) \\ R_1 \\ C_2 \end{matrix} \begin{pmatrix} 1 & 0 & 0 \\ 0 & 1 & 0 \\ 0 & 0 & -1 \end{pmatrix}, \ \boldsymbol{\delta} = \begin{matrix} e(t) \\ R_1 \\ C_2 \end{matrix} \begin{pmatrix} 1 & 0 & 0 \\ 0 & 1 & 0 \\ 0 & 0 & 1 \end{pmatrix}, \tag{6.51}$$

$$\begin{pmatrix} \mathbf{U}^m \\ \mathbf{I}^m \end{pmatrix} = \begin{pmatrix} U_1^m \\ I_{e(t)}^m \\ I_{R1}^m \\ I_{C2}^m \end{pmatrix}, \ \mathbf{E}^m = \begin{pmatrix} e(m\Delta t) \\ 0 \\ 0 \end{pmatrix}, \ \mathbf{A}_J \mathbf{J}^{m+1} = \begin{pmatrix} 0 \end{pmatrix}$$

この回路において，$i(t)$ を計算した結果が図 6.15 になります．数値計算では dt が有限ですので，δ 関数も有限の値になっています．

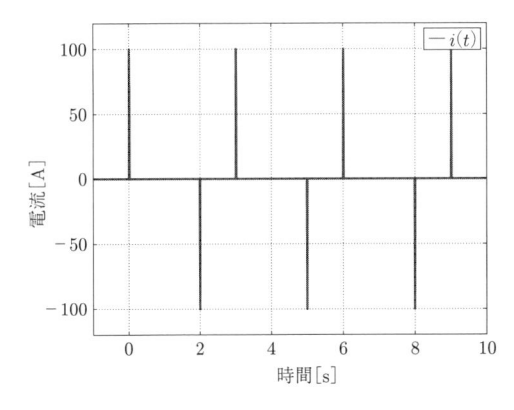

図 **6.15**　図 6.14 における電流 $i(t)$ の時間変化の数値計算結果．$\Delta t = 0.01[\mathrm{s}]$ としています．

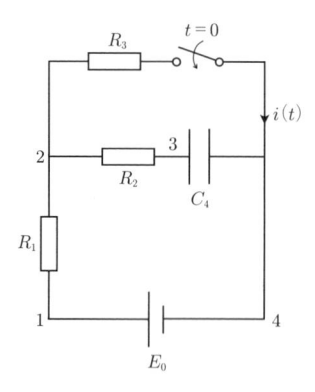

図 **6.16**　この回路図の問題では, $t = 0$ でスイッチを閉じ, 電流 $i(t)$ $(t > 0)$ を求めます. 問 2.3（53 ページ）と同じ回路図です. 各素子のパラメータは $E_0 = 1.0[\mathrm{V}]$, $R_1 = R_2 = R_3 = 1.0[\Omega]$, $C_4 = 1.0[\mathrm{F}]$ です.

初期値がゼロでない場合の数値計算

　これまでの数値計算例では節点電位と素子電流の値をゼロにしていました. もちろんキャパシタの素子電圧やインダクタの素子電流がゼロでない場合も同様に数値計算が可能です. 図 6.16 は, 問 2.3（53 ページ）と同じ回路図です. 同じ問題を本章の数値計算の方法で解いていきます. この回路では, $t < 0$ では直流定常状態であり, $t = 0$ でスイッチを閉じ, 電流 $i(t)$ $(t > 0)$ を求めます.

　実はこの問題を解くのは結構面倒です. 同じ数値計算といっても第 2 章での数値計算では, 微分方程式を導く必要があります. $i(t)$ に関する常微分方程式を導くための計算が少し複雑です.

　本章の方法では常微分方程式は導く必要はありませんが, 第二種初期条件を導く必要があります. キャパシタ C_4 が充電されているので, それからの寄与も計算しなければなりません.

$$\mathbf{U}^{m=0} = \begin{pmatrix} u_1(0^+) = 1.0 \\ u_2(0^+) = 1.0 \\ u_3(0^+) = 1.0 \end{pmatrix}, \quad \mathbf{I}^{m=0} = \begin{pmatrix} i_{E0}(0^+) = -1/3 \\ i_{R1}(0^+) = 1/3 \\ i_{R2}(0^+) = -1/3 \\ i_{R3}(0^+) = 2/3 \\ i_{C4}(0^+) = -1/3 \end{pmatrix} \tag{6.52}$$

　接続行列などは以下の通りになります.

$$\mathbf{A} = \begin{array}{c} \\ 1 \\ 2 \\ 3 \end{array} \begin{array}{ccccc} E_0 & R_1 & R_2 & R_3 & C_4 \\ \begin{pmatrix} 1 & 1 & 0 & 0 & 0 \\ 0 & -1 & 1 & 1 & 0 \\ 0 & 0 & -1 & 0 & 1 \end{pmatrix} \end{array}, \quad \mathbf{Z} = \begin{array}{c} E_0 \\ R_1 \\ R_2 \\ R_2 \\ C_4 \end{array} \begin{pmatrix} 0 & 0 & 0 & 0 & 0 \\ 0 & R_1 & 0 & 0 & 0 \\ 0 & 0 & R_2 & 0 & 0 \\ 0 & 0 & 0 & R_3 & 0 \\ 0 & 0 & 0 & 0 & \frac{\Delta t}{2C_2} \end{pmatrix},$$

$$\boldsymbol{\epsilon} = \begin{array}{c} E_0 \\ R_1 \\ R_2 \\ R_2 \\ C_4 \end{array} \begin{pmatrix} 1 & 0 & 0 & 0 & 0 \\ 0 & 1 & 0 & 0 & 0 \\ 0 & 0 & 1 & 0 & 0 \\ 0 & 0 & 0 & 1 & 0 \\ 0 & 0 & 0 & 0 & -1 \end{pmatrix}, \quad \boldsymbol{\delta} = \begin{array}{c} E_0 \\ R_1 \\ R_2 \\ R_2 \\ C_4 \end{array} \begin{pmatrix} 1 & 0 & 0 & 0 & 0 \\ 0 & 1 & 0 & 0 & 0 \\ 0 & 0 & 1 & 0 & 0 \\ 0 & 0 & 0 & 1 & 0 \\ 0 & 0 & 0 & 0 & 1 \end{pmatrix},$$

$$\begin{pmatrix} \mathbf{U}^m \\ \mathbf{I}^m \end{pmatrix} = \begin{pmatrix} U_1^m \\ U_2^m \\ U_3^m \\ I_{E0}^m \\ I_{R1}^m \\ I_{R2}^m \\ I_{R3}^m \\ I_{C4}^m \end{pmatrix}, \quad \mathbf{E}^m = \begin{pmatrix} e(m\Delta t) \\ 0 \\ 0 \\ 0 \end{pmatrix}, \quad \mathbf{A}_J \mathbf{J}^{m+1} = \begin{pmatrix} 0 \\ 0 \\ 0 \end{pmatrix}$$

$$(6.53)$$

　結果をグラフ化したものを図 6.17 に示します．$t \to \infty$ では R_1 と R_3 だけにしか電流が流れなくなるので，電流 $i(t) = 0.5[\mathrm{A}]$ に近づいていくのがわかります．

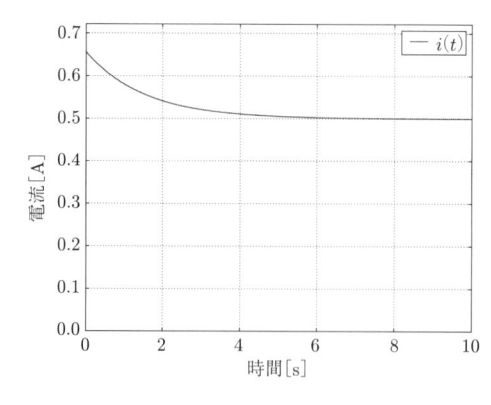

図 6.17 図 6.16 における電流 $i(t)$ の時間変化の数値計算結果. $\Delta t = 0.1[\mathrm{s}]$ としています.

問 6.2 図 6.18 における回路図で, $t < 0$ ではキャパシタは 1.0[V] で充電されています. $t = 0$ でスイッチを閉じたとき, キャパシタの素子電圧 $v(t)$ および素子電流 $i(t)$ を数値計算で求めてください. ただし, $R_1 = 1.0[\Omega]$, $C_2 = 1.0[\mathrm{F}]$ とします.

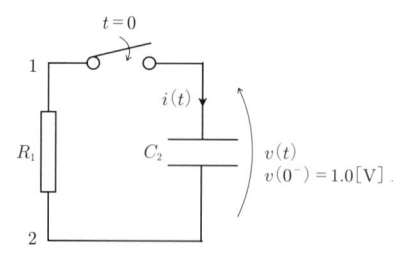

図 6.18 問 6.2 の回路.

第7章

電位と電流の基礎である マクスウェル方程式

「電磁回路」では電気回路を電磁気学も含めて学問として体系化することを目指しています．周波数が大きくなると，電位と電流の位置による違いが無視できなくなり，これらを考慮した伝送線路理論が必要になります．これまでの理論は 100 年以上も前にヘビサイドによりつくられた現象論的な偏微分方程式を基本方程式として議論されてきました．一方で，電磁気学は 19 世紀末に確立されていますが，これまでの教科書では電磁気学の基本方程式であるマクスウェル方程式から電位と電流の関係を与える伝送線路理論を導くことはありませんでした．本章ではマクスウェル方程式を導入し，その意味を理解します．

7.1　電磁気学の基本方程式であるマクスウェル方程式

電磁気学で学ぶ四つのマクスウェル方程式

電磁気学ではクーロンの法則やアンペールの法則を学びます．電荷や電流から離れたところに生じる電場や磁場の計算を行うことを目的としています．この計算方法を与えるのがマクスウェル方程式です．基本方程式の形にまとまっているのに，これらの方程式を使って議論しているのは真空中の電磁波の伝搬だけです．したがって，電磁気学ではせっかくマクスウェル方程式を導いたのに，その威力を十分に生かしきっていないということができます．本章ではむ

しろ電磁気学の基本方程式は最初から認めて，マクスウェルの方程式から電気回路の重要な一部である伝送線の従う伝送線路理論を導出することを目的とします．

　電気回路における伝送線は，われわれが電気を自分の好きなところで使うことを可能にします．しかもほぼ光の速度で電気信号が伝わるので，われわれの思うところに思う時間に電気信号を届けることができるすばらしい方法です．電磁気学はなぜそのようなことが可能であるかを教えてくれます．それがわかると，電気を使う際に何に気を使えば，例えば，電磁ノイズのような電気を使う際に邪魔になる現象を削減することが可能になるかを理解することができます．

　電磁気学の基本方程式であるマクスウェル方程式はどんな形をしているのかを知るために，それらの方程式を書くところから話を始めます．あまり見慣れない形になっていますが，ゆっくりと進んでいきましょう．それぞれの記号の上に矢印が書かれているのはそれぞれがベクトル量であるという意味です．第5章では多数の電位や電流を表現する便利な方法として，ベクトル電位やベクトル電流を導入し，その際のベクトルを表すのにボールド記号（太字）を使いました．ここではマクスウェル方程式の中で空間3次元のベクトルになっている電場や磁場のベクトル量を矢印を使って表現しています．

$$\vec{\nabla} \cdot \vec{E} = \frac{q}{\varepsilon} \tag{7.1}$$

$$\vec{\nabla} \cdot \vec{B} = 0 \tag{7.2}$$

$$\vec{\nabla} \times \vec{E} + \frac{\partial \vec{B}}{\partial t} = 0 \tag{7.3}$$

$$\vec{\nabla} \times \vec{B} - \varepsilon\mu \frac{\partial \vec{E}}{\partial t} = \mu\vec{i} \tag{7.4}$$

まずはこの方程式が意味するところを一つずつ述べていきたいと思います．$\vec{E}$ は電場，$\vec{B}$ は磁場を表しています．ベクトルというのは大きさと方向をもっている量であり，空間が三つの成分 (x, y, z) をもっているのでベクトルは三つの数字で表現されます．

$$\vec{E} = (E_x, E_y, E_z) \tag{7.5}$$

$$\vec{B} = (B_x, B_y, B_z) \tag{7.6}$$

電場や磁場は時間と空間の関数にもなりますが，式が煩雑になるのでそのこと
はあらわに書かないことにします．マクスウェル方程式では微分を表す $\vec{\nabla}$ とい
う記号が使われています．ナブラと発音します．まずは $\vec{\nabla}$ もベクトルで3成分
をもっていて，空間微分であることを次の式で表現します．

$$\vec{\nabla} = \left(\frac{\partial}{\partial x}, \frac{\partial}{\partial y}, \frac{\partial}{\partial z} \right) \tag{7.7}$$

三つの成分はそれぞれに x, y, z での微分ですが，微分なら普通は d を使うの
ですが，微分する変数が複数 (x, y, z) ある場合には，分母の変数で指定されて
いる以外の変数を固定して，指定されている変数の微小変化で関数がどれだけ
変わるかを表現するために偏微分記号が使われます．したがって，$\vec{\nabla}$ が演算す
る電場や磁場は $\vec{r} = (x, y, z)$ の関数であるということになります．マクスウェ
ル方程式には時間微分 $\frac{\partial}{\partial t}$ も入っていますが，これも偏微分記号で表現されてお
り，電磁場は時間の関数でもあることを意味しています．

　さらには，マクスウェル方程式には定数が入っています．それぞれの物理量
は真空では次の値をもっています．

$$\varepsilon = 8.854187817 \times 10^{-12} [\text{F/m}] \tag{7.8}$$

$$\mu = 1.2566370614 \times 10^{-6} [\text{H/m}] \tag{7.9}$$

ここで ε は誘電率，μ は透磁率であり，真空の電磁気的性質を表しています．電
磁波である光の速度 c はこれらの物理量で書くことができます．

$$c = \frac{1}{\sqrt{\varepsilon\mu}} = 2.99792458 \times 10^8 [\text{m/s}] \tag{7.10}$$

マクスウェル方程式には光の速度が含まれていることに気がついたアインシュ
タインは，この式を見てどんな系でも光の速度が一定であるという要請をして
相対論を思いついたといわれています．さらにマクスウェル方程式の右辺に書
かれている物理量は電荷密度 q と電流密度 $\vec{i}$ です．電荷密度は上に矢印がつい
ていないのでスカラー量です．一方，電流密度は上に矢印がついておりベクト
ル量です．ここでも電荷密度や電流密度は場所 x, y, z と時間 t の関数ですが，
その依存性はあらわには書かないことにしています．

マクスウェル方程式のさらなる理解

ここまでは，電磁気学の基本方程式であるマクスウェル方程式を表面的に紹介しました．これが 19 世紀の約 100 年間の研究者の試行錯誤で到達した電磁気学の基本方程式であり，これですべてです．古典力学の基本方程式はニュートン方程式 $\vec{F} = m\vec{a}$（力は質量に加速度を掛けたものに等しい）が一つの方程式で表されることを思うと，電磁気学はかなり複雑な学問体系であることが理解できると思います．マクスウェル方程式の右辺にある電荷密度 q や電流密度 $\vec{i}$ は電気をもった物質の電気的性質であり，これらの量が従うべき方程式は本来は量子力学で与えられます．電磁気学では電荷には電磁場からローレンツ力が働くと書かれていますが，それは物質の運動の部分から与えられます．これらのすべてを包括する理論が場の理論 (QED) とよばれているものです．機会があれば紹介したいと思っていますが，本書では電磁気学から「電磁回路」理論を導くことに専念します．本章ではとにかくこの 19 世紀の遺産であるマクスウェル方程式のもっている意味を理解することにつとめます．

マクスウェル方程式の数学的構造を理解したいと思います．まずは電場や磁場がベクトルであることから議論を始めます．われわれの空間は 3 次元です．モーターは磁石の N 極と S 極の間に生じる磁場を利用して駆動します．磁場は N 極から S 極へ向かっています．つまりは方向をもっています．モーターを空間のあらゆる方向に向けることができるので磁場も好きな方向を向きます．さらには磁石の強さを変えると磁場の大きさも変化します．このように磁場は大きさと方向をもっています．それを表すために上記のようにベクトル記号を使います．電場はコンデンサの場合にその電極間に生じる電場として考えれば，コンデンサの方向を変えることができるので，こちらも大きさと方向をもっていることが理解できるでしょう．電場と磁場が三つの方向をもつことは理解できたことにします．

さてベクトルの演算を理解しておく必要があります．スカラー量のときにはその掛け算はただ数値の掛け算をすればよいですが，ベクトル量の掛け算は様子が違います．内積とよばれている掛け算と外積とよばれている掛け算があります．一般にその規則を表現するためにベクトル量を $\vec{A}$ と $\vec{B}$ と書いて，内積

（ドット・）と外積（クロス ×）を定義しておきます．

$$\vec{A} \cdot \vec{B} = A_x B_x + A_y B_y + A_z B_z$$
$$\vec{A} \times \vec{B} = (A_y B_z - A_z B_y, \ A_z B_x - A_x B_z, \ A_x B_y - A_y B_x) \tag{7.11}$$

したがって，内積はスカラー量になり，外積はベクトル量になります．

7.2 スカラーポテンシャルとベクトルポテンシャル

ポテンシャルの導入のロジック

　マクスウェル方程式は電場の 3 成分と磁場の 3 成分が満たすべき連立偏微分
方程式になっています．これらの方程式を解けば電磁場を伴うすべての現象が
記述できます．ところが，これらの電場と磁場が常に満たさないといけない四
つの恒等式的な関係が与えられています．恒等式的な関係式とは右辺がゼロに
なっている式 (7.2) と (7.3) であり，電場や磁場を励起する源である電荷密度
q や電流密度 $\vec{i}$ とは関係なく常に満たさないといけない関係です．特に式 (7.3)
はマクスウェル–ファラデーの関係式とよばれ磁場や電場の時空間での変化が
お互いに関係し合っているということを表しています．これらの恒等式的な関
係式は，電場と磁場はお互いに独立ではない物理量であることを意味していま
す．恒等式的に成り立っているのは次の関係式であり，スカラー積を含む式は
一つ，ベクトル積を含む式は三つあります．

$$\vec{\nabla} \cdot \vec{B} = 0 \tag{7.12}$$

$$\vec{\nabla} \times \vec{E} + \frac{\partial \vec{B}}{\partial t} = 0 \tag{7.13}$$

電場と磁場は電荷密度 q や電流密度 $\vec{i}$ とは関係しないこれらの恒等式的な関係
を常に満足する必要があります．ここで二つの非常に重要な微分ベクトルの従
うべき関係式を導入します．

$$\vec{\nabla} \cdot (\vec{\nabla} \times \vec{X}) = 0 \tag{7.14}$$

$$\vec{\nabla} \times (\vec{\nabla} Y) = 0 \tag{7.15}$$

ここでは $\vec{X}$ と Y は任意のベクトル量とスカラー量です．これらの証明は自ら手を動かして示すしかありません．

問 7.1　$\vec{\nabla} \cdot (\vec{\nabla} \times \vec{X}) = 0$ および $\vec{\nabla} \times (\vec{\nabla}Y) = 0$ を証明してください．

これらの関係式を使って電磁気学でよく使われているスカラーポテンシャル U とベクトルポテンシャル $\vec{A}$ を導入します．このスカラーポテンシャルは電気回路での電位に対応し，**スカラーポテンシャルの差は電位差**になり，回路理論では重要な役割をもつことになります．式 (7.12) の $\vec{\nabla} \cdot \vec{B} = 0$ は磁場が常に満足する必要がある恒等式的な関係式です．そこで，

$$\vec{B} = \vec{\nabla} \times \vec{A} \tag{7.16}$$

のように磁場 $\vec{B}$ を $\vec{A}$ を使って書くと微分の性質 (7.14) から恒等的な関係式 $\vec{\nabla} \cdot \vec{B} = 0$ が成り立ちます．

この関係式をもう一つの恒等式的な関係式 (7.13) に代入すると

$$\vec{\nabla} \times \vec{E} + \frac{\partial(\vec{\nabla} \times \vec{A})}{\partial t} = \vec{\nabla} \times \left(\vec{E} + \frac{\partial \vec{A}}{\partial t} \right) = 0 \tag{7.17}$$

となります．この式では括弧内のベクトルに $\vec{\nabla}$ の外積を掛けたものがゼロになること要請しているので，もう一つの微分の性質 (7.15) を使って，U を次の式のように導入します．

$$-\left(\vec{E} + \frac{\partial \vec{A}}{\partial t} \right) = \vec{\nabla}U \tag{7.18}$$

この際に左辺で負の符号を使って U を定義したのは，正の電荷がつくるポテンシャルエネルギー（スカラーポテンシャル）が正になるようにするためです．

この式から電場 $\vec{E}$ は U と $\vec{A}$ を使って次のように書けます．

$$\vec{E} = -\vec{\nabla}U - \frac{\partial \vec{A}}{\partial t} \tag{7.19}$$

このように恒等的な関係式と微分ベクトルの性質から U と $\vec{A}$ を導入しました．

スカラー量である U に電荷を掛けるとエネルギーの単位になり，スカラーポテンシャルとよばれています．U と同じような方法で導入された $\vec{A}$ はベクトル量なのでベクトルポテンシャルとよばれています．

これらのスカラーポテンシャル U とベクトルポテンシャル $\vec{A}$ は非常に有用です．ポテンシャルの導入の過程で覚えておいてほしいのは，マクスウェル–ファラデーの法則は自動的にポテンシャルで表現されているという事実です．さらにはスカラーポテンシャルは電荷（クーロン [C]）を掛けるとエネルギーの次元になり，回路理論では後述のように電位（単位はボルト [V]）に対応するのでこのポテンシャルの電磁気学での起源を理解しておくことは非常に重要です．つまりはスカラーポテンシャルが「電磁回路」理論では主役になります．さらにこれまでは $\vec{E} = (E_x, E_y, E_z)$ と $\vec{B} = (B_x, B_y, B_z)$ で六つの成分で電磁場が表現されていましたが，スカラーポテンシャル U と $\vec{A} = (A_x, A_y, A_z)$ は四つの成分で電磁場が表現できるようになったことです．

問 7.2 式 (7.19) のように電場を表現し，式 (7.16) のように磁場を表現すると二つの恒等式的な関係式 (7.12)，(7.13) が成り立つことを示してください．

ポテンシャルを電荷密度と電流密度で書く

ここから先に進むには電荷密度と電流密度が与えられていることによって決まる電磁場（スカラーポテンシャルとベクトルポテンシャルで表現されています）を計算する必要があります．そこで前節で導入したポテンシャル U と $\vec{A}$ を電荷密度と電流密度に依存している残りの二つのマクスウェル方程式に代入します．式 (7.1) より

$$\vec{\nabla} \cdot \vec{E} = \vec{\nabla} \cdot \left(-\vec{\nabla}U - \frac{\partial \vec{A}}{\partial t} \right)$$

$$= -\vec{\nabla} \cdot \vec{\nabla}U - \vec{\nabla} \cdot \frac{\partial \vec{A}}{\partial t} = \frac{q}{\varepsilon} \tag{7.20}$$

この式は U と $\vec{A}$ が混在した式であり，これを見やすくするには少し工夫をする必要があります．さらに，式 (7.4) より

$$\vec{\nabla} \times \vec{B} - \varepsilon\mu\frac{\partial\vec{E}}{\partial t} = \vec{\nabla} \times (\vec{\nabla} \times \vec{A}) - \varepsilon\mu\frac{\partial(-\vec{\nabla}U - \frac{\partial\vec{A}}{\partial t})}{\partial t}$$
$$= \mu\vec{i} \tag{7.21}$$

この式も U と $\vec{A}$ が混在した複雑な形になっています．こちらも工夫をする必要があります．その準備のために，いくつかの $\vec{\nabla}$ を含む関係式を書いておきます．

$$\vec{\nabla} \cdot \vec{\nabla}U = \vec{\nabla}^2 U \tag{7.22}$$

もう一つの関係式は次のように書けます．

$$\vec{\nabla} \times (\vec{\nabla} \times \vec{A}) = -\vec{\nabla}^2\vec{A} + \vec{\nabla}(\vec{\nabla} \cdot \vec{A}) \tag{7.23}$$

これらの関係式はそれぞれの成分を実際に計算することで示すことができます．

問 7.3　$\vec{\nabla} \cdot \vec{\nabla} = \vec{\nabla}^2$ および $\vec{\nabla} \times (\vec{\nabla} \times \vec{A}) = -\vec{\nabla}^2\vec{A} + \vec{\nabla}(\vec{\nabla} \cdot \vec{A})$ を証明してください．

これらの関係式を上の式に導入すると

$$-\vec{\nabla}^2 U - \vec{\nabla} \cdot \frac{\partial\vec{A}}{\partial t} = \frac{q}{\varepsilon} \tag{7.24}$$

$$-\vec{\nabla}^2\vec{A} + \varepsilon\mu\frac{\partial^2\vec{A}}{\partial t^2} + \vec{\nabla}\left(\vec{\nabla} \cdot \vec{A} + \varepsilon\mu\frac{\partial U}{\partial t}\right) = \mu\vec{i} \tag{7.25}$$

これらの二つの式では U と $\vec{A}$ が混在した式になっており，まだ扱いにくい形になっています．その扱いにくくしている項をゼロと置くことができれば非常に簡単な式になります．次節でじっくりと説明しますが，ポテンシャルにはゲージ不変性という性質があり，この性質を使ってこの複雑な項をゼロと置くことが可能になります．このゲージ不変性という概念は電磁気学で多くの人が苦しむところですが，もともと微分・積分の議論をしているときの積分の際に必ず書かないといけない積分定数のことだと思ってくれると少しはわかった気持ちになってくれるかもしれません．このありがたい性質を使って天下り的ですが，上式 (7.25) の括弧のついている項をゼロにする次の関係式を導入します．

$$\vec{\nabla} \cdot \vec{A} + \frac{1}{c^2} \frac{\partial U}{\partial t} = 0 \tag{7.26}$$

ここで光速の関係式 $\varepsilon\mu = \frac{1}{c^2}$ を使っています. この関係 (7.26) をローレンツ条件とよび, それを導入すると上の二つの式は分離し, それぞれに簡単な U と $\vec{A}$ の偏微分方程式になります.

$$-\vec{\nabla}^2 U + \frac{1}{c^2} \frac{\partial^2 U}{\partial t^2} = \frac{q}{\varepsilon} \tag{7.27}$$

$$-\vec{\nabla}^2 \vec{A} + \frac{1}{c^2} \frac{\partial^2 \vec{A}}{\partial t^2} = \mu \vec{i} \tag{7.28}$$

これらの式は非常にありがたい式です. すなわち, 電荷密度 q が与えられればスカラーポテンシャルが計算でき, 電流密度 $\vec{i}$ が与えられればベクトルポテンシャルが計算できます. このような芸当ができるのは, ポテンシャルが導入されたときにもともとの電磁場を不変にするいろいろなポテンシャルが存在すること (ゲージ不変性) に起因します. 本書ではこの二つの方程式 (7.27), (7.28) と第 8 章で導く 2 式から伝送線路理論の基本方程式を導きます.

問 7.4 ローレンツ条件 (7.26) を式 (7.24) に代入してスカラーポテンシャルが従う方程式 (7.27) を導出してください.

ポテンシャルにはゲージの不変性がある

電荷・電流がつくるポテンシャルの計算を簡単な形に表現するためにローレンツ条件を導入するという言葉を使いました. ゲージ不変性は電磁気学を学ぶ際の大切な概念です. ゲージ不変性がわからないので電磁気学は難しいと思っている人もいます. 一方では, ゲージ不変性のために伝送線路の基本方程式はやさしくなったと考えると少しは勉強する気になるかもしれません. そのために説明をしておきます. スカラーポテンシャルとベクトルポテンシャルを使って電磁場を表現しましたが, スカラー関数である任意の変数 χ を含む次の変換をした新しいポテンシャル (プライムのついたポテンシャル) も同じ電磁場を与えます. そのことを証明しておきます.

$$U' = U + \frac{\partial \chi}{\partial t}$$
$$\vec{A}' = \vec{A} - \vec{\nabla}\chi \tag{7.29}$$

これらの関係式は電磁場とポテンシャルの関係を使って容易に証明できます.

$$\vec{\nabla} \times \vec{A}' = \vec{\nabla} \times (\vec{A} - \vec{\nabla}\chi) = \vec{\nabla} \times \vec{A} = \vec{B}$$
$$-\vec{\nabla}U' - \frac{\partial \vec{A}'}{\partial t} = -\vec{\nabla}\left(U + \frac{\partial \chi}{\partial t}\right) - \frac{\partial \vec{A} - \vec{\nabla}\chi}{\partial t} = -\vec{\nabla}U - \frac{\partial \vec{A}}{\partial t} = \vec{E} \tag{7.30}$$

これは興味深いことをいっています.　適当な方法で U と $\vec{A}$ を求めても任意の変数 χ を選べば, それで変換されるポテンシャル U', $\vec{A}'$ も同じ電磁場 $\vec{E}$, $\vec{B}$ を与えます.　すなわち, マクスウェルの方程式を満たしています.　この事実をポテンシャルはゲージ (χ) 不定性をもつといいます.　このようなことが起こるのはポテンシャルを導入した式 (7.16) と (7.18) が微分で与えられていることによります.

　余談になりますが, このように電磁ポテンシャルはゲージの不変性をもつという事実と量子力学で波動関数は位相の不変性をもつということが合わさって, どんなゲージをとっても物理量が不変である理論をつくることが可能です.　この原理をゲージ原理とよび, 現在では物理学（自然）の最も美しい原理であると考えられています.　この理論を総称して場の理論といいます.　場の理論の一番のお手本はマクスウェル方程式です（量子電気力学）.

　このポテンシャルのゲージ不定性を使うとローレンツ条件は

$$\vec{\nabla} \cdot \vec{A}' + \frac{1}{c^2}\frac{\partial U'}{\partial t} = \vec{\nabla} \cdot (\vec{A} - \vec{\nabla}\chi) + \frac{1}{c^2}\frac{\partial U + \frac{\partial \chi}{\partial t}}{\partial t} \tag{7.31}$$
$$= \vec{\nabla} \cdot \vec{A} + \frac{1}{c^2}\frac{\partial U}{\partial t} - \vec{\nabla}^2\chi + \frac{1}{c^2}\frac{\partial^2 \chi}{\partial t^2}$$

のように新しい U', $\vec{A}'$ に変換されます.　つまりは最初はローレンツ条件を満たさないポテンシャル $U, \vec{A}$ を採用したとしても, 適当な χ を選べば左辺を 0 にすることが可能で, ローレンツ条件を満たすポテンシャル $U', \vec{A}'$ を得ることができます.　さらには最初からローレンツ条件を満たす $U, \vec{A}$ を採用した場合には

$$-\vec{\nabla}^2\chi + \frac{1}{c^2}\frac{\partial^2\chi}{\partial t^2} = 0 \tag{7.32}$$

を満たす χ をとればどんな χ を採用しても，変換された U', $\vec{A}'$ はローレンツ条件を満たすことができます．

　話を式 (7.27), (7.28) に戻します．この式で右辺の電荷や電流の源がない場合の式を書きます．

$$-\vec{\nabla}^2 U + \frac{1}{c^2}\frac{\partial^2 U}{\partial t^2} = 0 \tag{7.33}$$

$$-\vec{\nabla}^2 \vec{A} + \frac{1}{c^2}\frac{\partial^2 \vec{A}}{\partial t^2} = 0 \tag{7.34}$$

これらの式を理解するために，ポテンシャルは時間に依存するが，空間的には x にだけしか依存しないとし，x 方向のみの微分を書くことにすると

$$-\frac{\partial^2 U}{\partial x^2} + \frac{1}{c^2}\frac{\partial^2 U}{\partial t^2} = 0 \tag{7.35}$$

$$-\frac{\partial^2 \vec{A}}{\partial x^2} + \frac{1}{c^2}\frac{\partial^2 \vec{A}}{\partial t^2} = 0 \tag{7.36}$$

となります．これらの式はそれぞれに x 方向に光の速度で伝搬する波動の微分方程式であることを示しています．つまり，マクスウェルの方程式は光を表現するポテンテャルが波動として空間を伝わることを示しています．

　確かに電磁気を勉強する際には，ポテンシャルのゲージ不変性は変わった概念でわかりにくいと思う人がたくさんいます．しかし，このゲージ不変性があるおかげで最も好きなゲージを選ぶことで，自らが表現したい物理を最もわかりやすく，扱いやすい方程式にすることが可能です．したがって，嫌な概念と考えるのではなくて，過去の科学者がわれわれに残してくれた遺産で，使いやすい表現法を使うことを保証してくれるうれしい概念だと思うとよいかもしれません．とにかく，「電磁回路」ではローレンツ条件を使うことにして先に進みます．

7.3　電荷と電流がつくる電場・磁場

　電磁気学の教科書では，電荷密度の与える電場（クーロンの法則）や，電流密度の与える磁場（アンペールの法則）を勉強し，さらにマクスウェルが最後

に導入したといわれているマクスウェル–ファラデーの法則を使ってマクスウェル方程式を完成させるという道筋で教えているものが大半です．本書では 19 世紀の科学者の研究によって発見されたマクスウェル方程式を電磁気学の基本方程式としているので，本章では電荷密度のつくる電場や電流密度のつくる磁場を実際に計算してみたいと思います．ただし，ポテンシャルを導入することですでにマクスウェル方程式は真空を伝搬する電磁波を表現していることは前節で記述しました．

クーロンの法則

　空間のある場所に時間によらない電荷密度 $q(\vec{r})$ が分布しているときに，空間のすべての場所でどのようなスカラーポテンシャル $U(\vec{r})$ になっているかを最初に考えることにします．そのうえでどのような電場 $\vec{E}$ になっているかを議論することにします．時間によらないのでスカラーポテンシャルは式 (7.27) より次の式で与えられます．

$$-\vec{\nabla}^2 U(\vec{r}) = \frac{q(\vec{r})}{\varepsilon} \tag{7.37}$$

ここで，$\vec{r} = (x, y, z)$ とし空間座標を表しています．右辺に書かれているような電荷分布 $q(\vec{r})$ が与えられているときにポテンシャル U がどのようになるかを求めるには少し数学を必要としますが，クーロンの法則で何度も出現するので証明なしで書いておきます．この方程式の解は次のようになります．

$$U(\vec{r}) = \frac{1}{4\pi\varepsilon} \int d^3 r' \frac{q(\vec{r}')}{|\vec{r} - \vec{r}'|} \tag{7.38}$$

この関係式は伝送線路理論で登場する電位係数 $\mathcal{P}$ を与えることになります．このスカラーポテンシャルを上記の微分方程式に代入すると解になっていることが次の式を使って証明できます．

$$-\vec{\nabla}^2 \frac{1}{4\pi} \frac{1}{|\vec{r} - \vec{r}'|} = \delta(\vec{r} - \vec{r}') \tag{7.39}$$

このように右辺が δ 関数になっている微分方程式の解を数学ではグリーン関数，物理ではプロパゲータとよびます．1 次元の場合の δ 関数は式 (1.14) で導入しています．上記の 3 次元のデルタ関数 $\delta(\vec{r} - \vec{r}')$ は次の関係を満たします．

$$\int d^3 r' \delta(\vec{r} - \vec{r}') f(\vec{r}') = f(\vec{r}) \tag{7.40}$$

問 7.5 （デルタ関数の定義の確認） 次の式が成り立つことを示してください.

$$\int \delta(\vec{r} - \vec{r}') \frac{q(\vec{r}')}{\varepsilon} d\vec{r}' = \frac{q(\vec{r})}{\varepsilon}$$

デルタ関数を使うと，電荷 Q が原点にある場合には

$$q(\vec{r}) = Q \delta(\vec{r}) \tag{7.41}$$

と書けるので，積分が原点からの寄与のみで表現されます．$r = |\vec{r}| = \sqrt{x^2 + y^2 + z^2}$ を導入すると次のように書くことができます.

$$U(r) = \frac{1}{4\pi\varepsilon} \frac{Q}{r} \tag{7.42}$$

このポテンシャルは無限の彼方 $r \to \infty$ では 0 になるように規格化されています．さらにスカラーポテンシャルの導入の際に負の符号を導入したのはこの式で正の電荷が与えられたスカラーポテンシャルが正の量になることを保証するためでした．このスカラーポテンシャルから，電場を次の式で計算することができます.

$$\vec{E}(\vec{r}) = -\vec{\nabla} U(r) = \frac{1}{4\pi\varepsilon} \frac{Q}{r^2} \frac{\vec{r}}{r} \tag{7.43}$$

この式は**クーロンの法則**として知られています．この式から電場は放射状に外に向かっており，その大きさは距離の 2 乗に反比例することを表しています．もちろんクーロンの法則はマクスウェル方程式の第 1 式 (7.1) そのもので直接ガウスの定理を使って導くこともできます．外向きの電場を E_n と書くと左辺は

$$(\text{左辺}) = \int d^3 r \vec{\nabla} \vec{E} = \int_S ds \vec{E} \cdot \vec{n} = 4\pi r^2 E_n \tag{7.44}$$

となり，中心に電荷 Q を置いた場合 (7.41) の (右辺) $= Q/\varepsilon$ なので，電場は中心からの距離 r では外向きの電場となります.

$$E_n = \frac{1}{4\pi\varepsilon}\frac{Q}{r^2} \qquad (7.45)$$

となり，ポテンシャルを使って導いた式 (7.43) と一致します．ただし外向きの電場はベクトル記号を使うと $\vec{E} = E_n\vec{r}/r$ と書くことができます．

問 7.6　ポテンシャル U が式 (7.42) のように $U(r) = \frac{1}{4\pi\varepsilon}\frac{Q}{r}$ と与えられているときに，次の式が成り立つことを証明してください．

$$\vec{E} = -\nabla U(r) = \frac{1}{4\pi\varepsilon}\frac{Q}{r^2}\frac{\vec{r}}{r}$$

アンペールの法則

　電流が与えられたときの磁場を与える**アンペールの法則**はマクスウェル方程式の一つの式 (7.4) になっています．ベクトルポテンシャルもスカラーポテンシャルの場合と同じように電流が与えられると式 (7.28) から次のように書くことができます．

$$\vec{A}(\vec{r}) = \frac{\mu}{4\pi}\int d^3r'\,\frac{\vec{i}(\vec{r'})}{|\vec{r}-\vec{r'}|} \qquad (7.46)$$

この式は電流 $\vec{i}(\vec{r'})$ が与えられたときのベクトルポテンシャルになります．この関係式 (7.46) は伝送線路理論での誘導係数 $\mathcal{L}$ を与えることになります．

　原点を z 方向に通過する電流

$$i_z(\vec{r}) = I\delta(x)\delta(y) \qquad (7.47)$$

の場合には $A_x = 0$，$A_y = 0$ であり，電線の原点における微小部分 Δz がつくる電線から r 離れた点につくるベクトルポテンシャルは

$$\Delta A_z = \frac{\mu}{4\pi}\frac{I\Delta z}{r} \qquad (7.48)$$

となります．電荷の場合と似ていますが，電荷の場合とは少し違っていて，電流は電線を流れており，原点だけに限らないので電流の微小部分からの寄与と

して微小ベクトルポテンシャル ΔA_z を与えています．この原点のところの微小部分の電流のつくる磁場は $\vec{B} = \vec{\nabla} \times \vec{A}$ で与えられるので

$$\Delta \vec{B} = \left(\frac{\partial \Delta A_z}{\partial y}, -\frac{\partial \Delta A_z}{\partial x}, 0 \right) = \frac{\mu}{4\pi} I \Delta z \left(-\frac{y}{r^3}, \frac{x}{r^3}, 0 \right) \tag{7.49}$$

磁場の x 成分は y に比例しているので y が有限のときには値をもちます．逆に y 成分は x に比例しており，x が有限のときには値をもちます．これが磁場がベクトルであり，電流の方向とは垂直の方向を向いていて，右ねじのようなふるまいをしていることを表しています．電場に比べると数式も複雑になっています．

　電磁気学の章を終えるにあたって，電流が与えられたときの任意の点での磁場を与える**ビオ–サバールの法則**を導出しておきます．ベクトルポテンシャルは式 (7.46) で与えられており，磁場は $\vec{B} = \vec{\nabla} \times \vec{A}$ で与えられます．実際に書いてみると

$$\vec{B}(\vec{r}) = \vec{\nabla} \times \vec{A}(\vec{r}) = \vec{\nabla} \times \frac{\mu}{4\pi} \int d^3 r' \frac{\vec{i}(\vec{r'})}{|\vec{r} - \vec{r'}|} \tag{7.50}$$

となり，この微分を実際にやりきると磁場は次のように書くことができます．

$$\vec{B}(\vec{r}) = \frac{\mu}{4\pi} \int d^3 r' \frac{\vec{i}(\vec{r'}) \times (\vec{r} - \vec{r'})}{|\vec{r} - \vec{r'}|^3} \tag{7.51}$$

かなり複雑な表現になっていますが，微分とその外積の定義に従って計算していくと上のような形にまとまります．

第8章

マクスウェル方程式から導出した 伝送線路理論

マクスウェル方程式は電荷密度や電流密度が与えられているときに電磁場を与えます．前章では，さらにマクスウェル方程式をスカラーポテンシャルとベクトルポテンシャルを使って表現しました．これらの方程式を使って複数の電線がある場合の電線のまわりにつくられるポテンシャルの計算をします．電線のまわりのポテンシャルは電線の中の電荷や電流に影響を与えます．本章ではこれらの過程を通して，マクスウェル方程式から分布定数回路の基本方程式である伝送線路方程式を導出します．

8.1 電線中の電荷と電流がつくるポテンシャル

1本の電線内での電荷と電流

1本の電線の中には無数の負の電荷をもった電子が存在しています．その電子が運動することで電流が生じます．クーロンの法則やアンペールの法則は電荷や電流が与えられたときの全空間での電磁場を与えます．したがって，電線の中に分布している電荷や電流が電線の表面やその外にどのような電磁場（ポテンシャル）を与えるかを計算することは容易にできます．一方で，電線表面の電磁場は電荷や電流に影響を与えます．電荷・電流と電磁場の相互作用で電気信号が電線を伝搬します．

まずは電線内の電荷や電流を定義したいと思います．話を簡単にするために

電線の中の電荷密度や電流密度は電線方向のみの関数であるとし，電流の方向は線の方向 x のみとします．電荷密度 $q(\vec{r})$ と電流密度 $\vec{i}(\vec{r})$ を使って単位長さあたりの電荷や電流はその断面積で積分することで得られます．線の断面積を S と書くと，次のように単位長さあたりの電荷 Q（今後単に電荷とよぶ）と単位長さあたりの電流 I（今後単に電流とよぶことにしますが，これが電気回路の主役である電流に対応しています）を書くことができます．

$$
\begin{aligned}
Q(x,t) &= \int_S dydz\, q(x,y,z,t) \\
I(x,t) &= \int_S dydz\, i_x(x,y,z,t)
\end{aligned}
\tag{8.1}
$$

電流は x 成分だけなので単純に I と書くことにします．これらの長さあたりの電荷 Q と長さあたりの電流 I が与えられると，マクスウェル方程式を使って電線から与えられるスカラーポテンシャルとベクトルポテンシャルが得られます．この際に電荷・電流の分布が断面積内で一様な体積的か，または表面に集まっている表面的な場合が考えられます．

　電線の中の電荷は保存するので，場所 x での小さい長さ Δx の領域での電荷の時間的な変化量 $\Delta Q(x,t)$（微小時間に増加する電荷量）は，微小時間内 Δt にその領域に入ってくる電流（単位時間に流れる電荷量）と出ていく電流の差で表現されます．

$$
\frac{\Delta Q(x,t)\Delta x}{\Delta t} = -[I(x+\Delta x,t) - I(x,t)]
\tag{8.2}
$$

ここで右辺の負の符号は，括弧内の最初の電流は $x+\Delta x$ での電流でこの領域から流れ出す電流であり，2 番目の電流は x での電流でこの領域に入ってくる電流だからです．出ていく電流の方が小さい場合には括弧内は負の値になるので，括弧の前に負の符号をつけておくことで，電荷の増加は電流の増減で決まることを符号まで含めてうまく表現しています．上の式を書き換えると

$$
\frac{\Delta Q(x,t)}{\Delta t} = -\frac{I(x+\Delta x,t) - I(x,t)}{\Delta x}
\tag{8.3}
$$

となり，微分記号を使って表現した**連続の方程式**が成り立ちます．

$$
\frac{\partial Q(x,t)}{\partial t} = -\frac{\partial I(x,t)}{\partial x}
\tag{8.4}
$$

ただし，微小量の分数はその極限で微分と定義されます．

$$\frac{dQ(x,t)}{dt} = \lim_{\Delta t \to 0} \frac{\Delta Q(x,t)}{\Delta t} \tag{8.5}$$

さらに多変数（t, x と二つの変数がある）なので連続の方程式 (8.4) では微分記号 d の代わりに偏微分記号である ∂ が使われています．この式 (8.4) は電荷保存則ともよばれます．すなわち，電線内の電荷がある場所で増加したとすればそれは電線内から供給される，電線内の電荷は全体として決して増減するものではないということを意味します．これは非常に重要な概念です．

電磁場が電荷に及ぼす力はローレンツ力で与えられます．しかし，無数の電子の運動は非常に複雑で電磁場で加速されるばかりではなく，お互いの電子の衝突や原子核との衝突が起こり，その運動は複雑になります．ところが波長が個々の電子の運動が無視できるほどに長く，すべての電子（1 モルでアボガドロ数存在する）の平均的な運動のみが意味がある場合には現象論的な電気量のふるまいのみがわかっていればよいと思われます．それを与えているのは**オームの法則**といわれている導体電線の性質であり，次の式で与えられます．

$$E_x(x,t) = \mathcal{R}I(x,t) \tag{8.6}$$

この式は x 方向の電場が電線にあればそこに流れる電流 I は単位長さあたりの抵抗値 $\mathcal{R}$ がわかっているときには上の式で与えられるという，オームが 19 世紀初頭に発見した実験結果から決められています．このとき，電場の x 方向の成分は式 (7.19) のスカラーポテンシャル U とベクトルポテンシャル A を使って次のように与えられます．

$$E_x(x,t) = -\frac{\partial U(x,t)}{\partial x} - \frac{\partial A_x(x,t)}{\partial t} \tag{8.7}$$

したがって，オームの法則は電線の表面での電場と電線内の電流の関係を与えているので，電線表面での電磁ポテンシャルを使って表現すると次のようになります．

$$-\frac{\partial U(x,t)}{\partial x} - \frac{\partial A_x(x,t)}{\partial t} = \mathcal{R}I(x,t) \tag{8.8}$$

これらの電荷と電流の間および電磁場との関係式 (7.27)，(7.28) を使って伝送線路方程式をつくります．

電荷と電流がつくるポテンシャル

　前章でマクスウェル方程式から電荷や電流をソースとするポテンシャルの方程式を書きました．その方程式はポテンシャルの時間微分を含んだ式になっています．時間依存を考慮したポテンシャルは遅れの効果の入ったポテンシャル（遅れのポテンシャル）であり，これを伝送線路理論に適応すると輻射（アンテナ過程）の入った伝送線路方程式を書くことができます．このアンテナ過程の話は別の機会に詳しく書くことにします．そのことにより，難しい数学や複雑な解法にこだわらずに，できるだけわかりやすい伝送線路方程式を導出することができます．本書ではアンテナ過程がない場合の電気回路理論に限ることにしますが，重要なことは，伝送線路理論がマクスウェル方程式から導出できると知ることです．それと，この場合の伝送線路理論がまさしくヘビサイドが 100 年ほど前に現象論的に導入した伝送線路理論と一致することを示すことができます．

　本書では電荷・電流が与えるポテンシャルの式 (7.27), (7.28) の中に含まれる時間の微分の項を無視する近似をします．この近似により電磁波の輻射は起こらない場合の伝送線路理論を導出したいと思います．まずは電線内にある電荷密度 $q(\vec{r})$ がつくる場所 $\vec{r}$ でのスカラーポテンシャル U の計算をすることにします．スカラーポテンシャルは次のように与えられます．これは電磁気学のクーロンの法則に対応しています．

$$U(\vec{r}, t) = \frac{1}{4\pi\varepsilon} \int_l dx' \int_S dy' dz' \frac{q(\vec{r}', t)}{|\vec{r} - \vec{r}'|} \tag{8.9}$$

ここで，電線の大きさは長さ l と太さ S で表現されており，積分は電線内のすべての場所における電荷からの寄与を足し合せたものになっています．オームの法則を使うことを考慮するとポテンシャル（電位）は電線表面での値を計算することにします．さらに，電荷密度 q は長さ方向にのみ依存しているので，上の式は次のようになります．

$$U(x, 0, a, t) = \frac{1}{4\pi\varepsilon} \int_l dx' \int_S q(x', y', z', t) dy' dz' \frac{1}{|\vec{r} - \vec{r}'|} \tag{8.10}$$

この場合の電位は無限大を 0 に規格化しています．この積分はそのままで計算

するとかなり複雑です．実際には電荷分布 $q(x', y', z')$ は全体的に一様に分布する場合（体積型）や，表面あたりのみに分布する場合（表面型）があります．そのことまで考慮して計算するには少し工夫が必要です．そこで，次章全体を使って非常に便利な概念である幾何学的平均距離 $(\tilde{a})$ の概念を導入することにします．本章ではそれを先取りして上記の積分を $\tilde{a}$ を使って表現することにします．ティルデ a と読みます．半径 a の数字に近い数字という意味で使われています．

$$\frac{1}{|\vec{r} - \vec{r}'|} = \frac{1}{\sqrt{(x - x')^2 + \tilde{a}^2}} \tag{8.11}$$

この幾何学的平均距離 $\tilde{a}$ はいろいろな場合に計算することができます．この $\tilde{a}$ はすばらしい概念でこれを使うとあたかも電線の中心に電荷が集中しているようなイメージで電位係数を計算することができます．もちろん，実際に電荷が全体に一様に分布している場合の計算方法は確立されており，次章で詳細に議論したいと思います．この近似的な式 (8.11) のおかげで断面積 S の積分ができて電荷密度 $q(\vec{r}, t)$ から電荷 $Q(x, t)$ に変数を変更することができます．

$$Q(x', t) = \int_S q(x', y', z', t) dy' dz' \tag{8.12}$$

この電荷を使うことでポテンシャルは次のように書けます．

$$U(x, t) = \frac{1}{4\pi\varepsilon} \int_l dx' Q(x', t) \frac{1}{\sqrt{(x - x')^2 + \tilde{a}^2}} \tag{8.13}$$

ただし，ポテンシャルは電線の表面での値であることだけを頭に入れて，単純に $U(x, t)$ と書くことにします．

さらに，この積分は線の長さ l に比べて線の太さ $a \sim \tilde{a}$ は断然小さいことを考慮すると，$x' = x$ のところで一番大きな値をもつので，近似式として $Q(x', t) = Q(x, t)$ という置換えを行って評価することにします．この近似をすると後でわかるように電線に沿って伝搬する電磁波の方程式を与えるので，TEM 波近似とよんでいます．2 本線の場合にはヘビサイドの伝送方程式が導出できます．

$$U(x, t) = \frac{1}{4\pi\varepsilon} \int_0^l dx' \frac{1}{\sqrt{(x - x')^2 + \tilde{a}^2}} Q(x, t) = \mathcal{P}(x) Q(x, t) \tag{8.14}$$

さらに, $\mathcal{P}(x)$ の x 依存性が小さいとして, 平均値で $\mathcal{P}$ を定義することにします.

$$\mathcal{P} = \frac{1}{l} \int_0^l dx \mathcal{P}(x) \tag{8.15}$$

このようにすると電位係数 $\mathcal{P}$ は次のように書けます.

$$\mathcal{P} = \frac{1}{4\pi\varepsilon} \frac{1}{l} \int_0^l dx \int_0^l dx' \frac{1}{\sqrt{(x-x')^2 + \tilde{a}^2}} \tag{8.16}$$

この近似で得られる表現をノイマンの公式とよびます. 詳細は次節で計算しますが, ノイマンの公式では次のように表現されています.

$$\mathcal{P} = \frac{1}{2\pi\varepsilon} \left(\ln \frac{2l}{\tilde{a}} - 1 \right) \tag{8.17}$$

この公式の実際の導出は次章で行います.

　一方でベクトルポテンシャルもまったく同じように計算できます. ベクトルポテンシャルは電流の方向が x 成分のみをもつので, A_x で x の添字を落として $A_x = A$ と書くことにします. スカラーポテンシャルのときと同じ近似を行うことで

$$A(x,t) = \mathcal{L}I(x,t) \tag{8.18}$$

を得ることができます. さらに誘導係数 $\mathcal{L}$ はノイマンの公式を使って次のように書けます.

$$\mathcal{L} = \frac{\mu}{2\pi} \left(\ln \frac{2l}{\tilde{a}} - 1 \right) \tag{8.19}$$

したがって, 電荷 $Q(x,t)$ と電流 $I(x,t)$ が与えられるとスカラーポテンシャル $U(x,t)$ とベクトルポテンシャル $A(x,t)$ は同じ方法で計算することができ, その係数である $\mathcal{P}$ と $\mathcal{L}$ は同じ関数形になります. このようなことは容量係数 $\mathcal{C}$ を議論していたら気がついていなかったと思われます.

　電位係数と誘導係数は比例関係にあるので, それらの割り算をすることにより

$$\frac{\mathcal{P}}{\mathcal{L}} = \frac{1}{\mu\varepsilon} = c^2 \tag{8.20}$$

という関係を導出することができます．さらにこの関係を使って，伝送線路理論でよく使われている抵抗の次元をもつ特性インピーダンス $\mathcal{Z}$ を次のように定義することができます．

$$\mathcal{Z} = \frac{\mathcal{P}}{c} = \mathcal{L}c = \sqrt{\frac{\mu}{\varepsilon}} \frac{1}{2\pi} \left(\ln \frac{2l}{\tilde{a}} - 1 \right) \tag{8.21}$$

真空の場合の数字を入れると

$$\sqrt{\frac{\mu}{\varepsilon}} = 377\Omega \tag{8.22}$$

となります．これは真空の抵抗とよばれている物理量です．伝送線路の特性インピーダンス $\mathcal{Z}$ はまさしく伝送線路の抵抗に対応していて，電線内の電位と電流の間の関係を与えます．

8.2　1本線の場合の伝送線路理論（キルヒホッフの方程式）

1本線での伝送線路方程式

　前節で伝送線路方程式を書くための準備が整いました．方程式が簡便に表現できることから，電線の数が1本線の場合について，これまでに導入された必要な式をすべてまとめて書いておきます．1本線回路は例えば，T字型アンテナに対応します．1本線では電気信号は伝わらないと考えている人がほとんどですが，電線には電気的性質と磁気的性質があるので，伝送線路として信号を伝えることが可能です．電気的性質は電位係数 $\mathcal{P}$，磁気的性質は誘導係数 $\mathcal{L}$ が有限で存在することで次の方程式に現れることで示されています．

$$U(x,t) = PQ(x,t) \tag{8.23}$$

$$A(x,t) = \mathcal{L}I(x,t) \tag{8.24}$$

$$\frac{\partial Q(x,t)}{\partial t} + \frac{\partial I(x,t)}{\partial x} = 0 \tag{8.25}$$

$$-\frac{\partial U(x,t)}{\partial x} - \frac{\partial A(x,t)}{\partial t} = \mathcal{R}I(x,t) \tag{8.26}$$

これらの関係式が伝送線路方程式を導く四つの基本方程式です．これらの方程式を使って解くべき物理量はスカラーポテンシャル U とベクトルポテンシャ

ル A と電荷 Q と電流 I になります．これらの四つの物理量の中で電気回路で使われる物理量はスカラーポテンシャル（電位）U と電流 I です．そこで，これらの二つの物理量だけで表す微分方程式をつくることにします．連続方程式 (8.25) とオームの法則 (8.26) は微分で与えられているので，電荷がつくるスカラーポテンシャル (8.23) と電流がつくるベクトルポテンシャルをそれぞれ時間で微分します．

$$\frac{\partial U(x,t)}{\partial t} = \mathcal{P}\frac{\partial Q(x,t)}{\partial t} \tag{8.27}$$

$$\frac{\partial A(x,t)}{\partial t} = \mathcal{L}\frac{\partial I(x,t)}{\partial t} \tag{8.28}$$

スカラーポテンシャルの時間微分の方程式 (8.27) に連続方程式 (8.25) を代入し，ベクトルポテンシャルの時間微分の方程式 (8.28) をオームの法則 (8.26) に代入して式を変更すると次の二つの式を得ることができます．

$$\frac{\partial U(x,t)}{\partial t} = -\mathcal{P}\frac{\partial I(x,t)}{\partial x} \tag{8.29}$$

$$\frac{\partial U(x,t)}{\partial x} = -\mathcal{L}\frac{\partial I(x,t)}{\partial x} - \mathcal{R}I(x,t) \tag{8.30}$$

この二つの式が 1 本の線の場合の伝送線路理論になります．この式は一般に使われている伝送線路理論（ヘビサイドの伝送線路理論）とほぼ同形の関係式になっています．

　ヘビサイドの伝送線路理論では電位係数の代わりに電気容量 $\mathcal{C}$ が使われます．この電気容量と電位係数 $\mathcal{P}$ は逆数の関係にあります．

$$\mathcal{C} = \frac{1}{\mathcal{P}} \tag{8.31}$$

そして上の式を書き換えると

$$\frac{\partial I(x,t)}{\partial x} = -\mathcal{C}\frac{\partial U(x,t)}{\partial t} \tag{8.32}$$

となります．この式と上の 2 番目の式 (8.30) がヘビサイドの伝送線路理論と同じ方程式になります．

　キルヒホッフは 1857 年に次の方程式を得ました．つまりはオームの法則の電磁ポテンシャルに上の $\mathcal{P}$ と $\mathcal{L}$ を使った方程式を代入します．

$$-\mathcal{P}\frac{\partial Q(x,t)}{\partial x} - \mathcal{L}\frac{\partial I(x,t)}{\partial t} = \mathcal{R}I(x,t) \tag{8.33}$$

この式で両辺を $-\mathcal{P}$ で割ると

$$\frac{\partial Q(x,t)}{\partial x} + \frac{1}{c^2}\frac{\partial I(x,t)}{\partial t} = -\frac{\mathcal{R}}{\mathcal{P}}I(x,t) \tag{8.34}$$

これと連続の方程式を知ると電荷と電流の関係を得ることができます．

$$\frac{\partial Q(x,t)}{\partial t} = -\frac{\partial I(x,t)}{\partial x} \tag{8.35}$$

この二つの式がキルヒホッフによって与えられた電気電信方程式です．これが波動の方程式を満たすことを示すために電荷を消すと次のようになります．

$$\frac{\partial^2 I(x,t)}{\partial x^2} - \frac{1}{c^2}\frac{\partial^2 I(x,t)}{\partial t^2} = \frac{\mathcal{R}}{\mathcal{P}}\frac{\partial I(x,t)}{\partial t} \tag{8.36}$$

この方程式は電流が光の速度で電線に沿って伝わることを表しています．

問 8.1　キルヒホッフが得た微分方程式 (8.34)

$$\frac{\partial Q(x,t)}{\partial x} + \frac{1}{c^2}\frac{\partial I(x,t)}{\partial t} = -\frac{\mathcal{R}}{\mathcal{P}}I(x,t)$$

に，連続の方程式

$$\frac{\partial Q(x,t)}{\partial t} = -\frac{\partial I(x,t)}{\partial x}$$

を代入すると，次の方程式を得ることができます．

$$\frac{\partial^2 I(x,t)}{\partial x^2} - \frac{1}{c^2}\frac{\partial^2 I(x,t)}{\partial t^2} = \frac{\mathcal{R}}{\mathcal{P}}\frac{\partial I(x,t)}{\partial t}$$

それを証明してください．

問 8.2　上記の微分方程式を解きたいと思います．その際にまずは $I(x,t) = I(x)e^{-j\omega t}$ を代入した下記の方程式を導出してください．

$$\frac{\partial^2 I(x)}{\partial x^2} + \frac{\omega^2}{c^2}I(x) + j\frac{\mathcal{R}\omega}{\mathcal{P}}I(x) = 0$$

さらに，この方程式を解く際に $I(x) = Ie^{jkx}$ を代入して波数 k はどのような方程式を満たすかを求めてください．

非常に興味深いことですが，この式でキルヒホッフは電荷や電流が光の速度で電線を伝わると主張しています．もしこの式が電流で表現されておらず，現在のようにスカラーポテンシャル U（電位）の形で書かれていれば，電磁場が光の速度で電線を伝搬すると主張することができて，この段階で光の波動性を主張できたかもしれません．

のちに，ヘビサイドは 1 本の電線で電気信号が光の速度で伝わるとキルヒホッフは議論しているがそれは物理的におかしいと主張しました．電気信号を遠方に伝えるには 2 本線が必要であるとしました．したがって，この式は 2 本線を用意したときの電磁波の伝搬の式と考えるべきであると主張して，上記の $\mathcal{P}$ と $\mathcal{L}$ のところで分子に線の長さ l が出てきているところを線間の距離 d で置き換えました．この置き換えた式がいまの電気回路理論の基礎になっており，電磁ノイズが扱えない方程式が定着してしまいました．次節では複数の電線での伝送線路方程式を導入した後で，実際にヘビサイドの方程式を導出します．

8.3 多数の伝送線がある場合の伝送線路理論

複数の電線の場合の伝送線路方程式

これまでは，1 本の電線での信号の伝搬を考えてきましたが，これを複数の電線 (N 本) がある場合に拡張することにします．それぞれの電線を区別するために i や j という添字を使うことにします．連続の方程式はそれぞれの電線 ($i = 1, \cdots, N$) で成り立つので次のように書けます．

$$\frac{\partial Q_i(x,t)}{\partial t} = -\frac{\partial I_i(x,t)}{\partial x} \tag{8.37}$$

さらにはオームの法則もそれぞれの電線で成り立つので

$$-\frac{\partial U_i(x,t)}{\partial x} - \frac{\partial A_i(x,t)}{\partial t} = \mathcal{R}_i I_i(x,t) \tag{8.38}$$

ここまではそれぞれの電線で成り立つ方程式です．

　次にはこれらの電荷や電流がつくり出す電磁ポテンシャルは重ね合せの原理から次のように書けます．つまりは電磁ポテンシャルは自らの電線内の電荷・電流だけではなくて，他の電線内での電荷・電流からの寄与があります．したがって，電磁ポテンシャルにはすべての電線内の電荷，電流が寄与するので右辺はすべての電線 j の足し算になります．

$$U_i(x,t) = \sum_{j=1}^{N} \mathcal{P}_{ij} Q_j(x,t) \tag{8.39}$$

$$A_i(x,t) = \sum_{j=1}^{N} \mathcal{L}_{ij} I_j(x,t) \tag{8.40}$$

ただし，電位係数 $\mathcal{P}_{ij}$ と誘導係数 $\mathcal{L}_{ij}$ は次のように書けます．

$$\mathcal{P}_{ij} = \frac{1}{2\pi\varepsilon} \left(\ln \frac{2l}{\tilde{a}_{ij}} - 1 \right) \tag{8.41}$$

$$\mathcal{L}_{ij} = \frac{\mu}{2\pi} \left(\ln \frac{2l}{\tilde{a}_{ij}} - 1 \right) \tag{8.42}$$

ここで $\tilde{a}_{ij}$ は $i = j$ のときにはその電線の半径 a_i に近い値をとり，$i \neq j$ のときにはその二つの線間の距離 d_{ij} に近い値をとります．これらの係数がどのように求まるかは次章の幾何学的平均距離の計算をすることでじっくりと議論することにしています．

　これらの四つのタイプの方程式があり，四つのタイプの変数 U_i, A_i, I_i, Q_i が求めるべき物理量なので方程式は閉じており，微分方程式を解くことが可能です．さらに電気回路理論としたいのでこれらの式から電荷とベクトルポテンシャルを消去して電流とスカラーポテンシャル（電位）で式を書くことにします．そのために電位の式を時間で偏微分すると

$$\frac{\partial U_i(x,t)}{\partial t} = \sum_{j=1}^{N} \mathcal{P}_{ij} \frac{\partial Q_j(x,t)}{\partial t} \tag{8.43}$$

を得ます．この式に連続の方程式を使うと電荷を電流で表現できて

$$\frac{\partial U_i(x,t)}{\partial t} = -\sum_{j=1}^{N} \mathcal{P}_{ij} \frac{\partial I_j(x,t)}{\partial x} \tag{8.44}$$

となります．さらにはベクトルポテンシャルの式を時間で偏微分すると

$$\frac{\partial A_i(x,t)}{\partial t} = \sum_{j=1}^{N} \mathcal{L}_{ij} \frac{\partial I_j(x,t)}{\partial t} \tag{8.45}$$

となり，この式にオームの法則を代入すると

$$\frac{\partial U_i(x,t)}{\partial x} = -\sum_{j=1}^{N} \mathcal{L}_{ij} \frac{\partial I_j(x,t)}{\partial t} - \mathcal{R}_i I_i(x,t) \tag{8.46}$$

となります．これら二つの方程式 (8.44), (8.46) が多導体伝送線路理論において電位 U と電流 I に対する基礎方程式になります．

　従来の多導体伝送線路理論では電位係数 $\mathcal{P}_{ij}$ の代わりにその逆行列である電気容量 $\mathcal{C}_{ij} = (\mathcal{P}^{-1})_{ij}$ が使われていました．その式を書いておきます．

$$\frac{\partial I_i(x,t)}{\partial x} = -\sum_{j=1}^{N} \mathcal{C}_{ij} \frac{\partial U_j(x,t)}{\partial t} \tag{8.47}$$

この方程式は重ね合せの原理が成り立たず，この式を計算して電磁ノイズの議論をすることは非常に難しく，これまでは電磁ノイズを扱う方程式が存在していませんでした．しかも $\mathcal{C}_{ij}$ は電線の数が増えるとそれぞれの係数の中身は行列の逆数なので変化します．その意味では非常に扱いにくい物理量であり，伝送線路理論の計算は複雑な行列の扱いを余儀なくされていました．

　第 10 章では多導体伝送線路方程式を数値的に解く方法の解説をします．そこでは多数の電位と電流を扱うことになるので，便利な表記法として電位ベクトル $\mathbf{U}$ や電流ベクトル $\mathbf{I}$ を導入することにします．

$$\begin{aligned} \mathbf{U} &= (U_1, U_2, \cdots, U_N)^T \\ \mathbf{I} &= (I_1, I_2, \cdots, I_N)^T \end{aligned} \tag{8.48}$$

これらの表記法を使うと伝送線路方程式は次のように書けます．

$$\begin{aligned} \frac{\partial \mathbf{U}(x,t)}{\partial t} &= -\mathbf{P}\frac{\partial \mathbf{I}(x,t)}{\partial x} \\ \frac{\partial \mathbf{U}(x,t)}{\partial x} &= -\mathbf{L}\frac{\partial \mathbf{I}(x,t)}{\partial t} - \mathbf{R}\mathbf{I}(x,t) \end{aligned} \tag{8.49}$$

ここで **P**, **L**, **R** はすべて行列になります．その行列の成分は次のように書けます．

$$
\begin{aligned}
(\mathbf{P})_{ij} &= \mathcal{P}_{ij} \\
(\mathbf{L})_{ij} &= \mathcal{L}_{ij} \\
(\mathbf{R})_{ij} &= \delta_{ij}\mathcal{R}_i
\end{aligned}
\tag{8.50}
$$

ここで，クロネッカーのデルタは $i = j$ のときには $\delta_{ij} = 1$ であり，$i \neq j$ のときには $\delta_{ij} = 0$ と定義されています．この表記法を使うと多導体の伝送線路方程式を扱うのも 1 本の伝送線路を扱うように表現することが可能になります．

問 8.3 式 (8.44) と式 (8.46) を導出してください．

問 8.4 電位係数 $\mathcal{P}_{ij}$ の逆行列として定義される電気容量 $\mathcal{C}_{ij}$ を 2 本線の場合に $\mathcal{P}_{ij}$ の関数として表現してください．$\mathcal{C}_{11}$ は 2 番目の線の情報も必要とすることを確認してください．

問 8.5 3 本線の場合に $\mathcal{C}_{ij}$ を $\mathcal{P}_{ij}$ を使って行列で表現してください．2 本線の場合の $\mathcal{C}_{11}$ と 3 本線の場合の $\mathcal{C}_{11}$ は中身が違っていることを確認してください．

第9章

伝送線路理論における電位係数と誘導係数

　マクスウェル方程式から導出したスカラーポテンシャルとベクトルポテンシャル，さらには電荷と電流の関係式を使って電位と電流の間の関係を与える伝送線路理論を得ました．伝送線路理論では電位係数 $\mathcal{P}$ と誘導係数 $\mathcal{L}$ とが登場しました．本章ではそれらの電線における重要な二つの係数を具体的に計算します．そのときの考え方と実際の計算方法を示します．さらにそれらの式を使って伝送線路理論でよく使われる特性インピーダンスと伝送速度を導出します．

9.1 電位係数と誘導係数

　本章では電線の電位係数 $\mathcal{P}$ と誘導係数 $\mathcal{L}$ の計算を行います．計算方法が難しいことと，伝送線路理論との関係が複雑なので系統的に話を進めていきたいと思います．図 9.1 で示しましたが，計算方法を勉強するために最初に太さのない 2 本線の間でのスカラーポテンシャルの計算をします（図 9.1(a)）．そのことで基本的な積分をどのようにするのかを勉強します．その結果を使って幾何学的平均距離の概念を導入します．そのうえで，太さのある場合の伝送線路の自己電位係数と 2 本線の間の相互電位係数の計算を順番に行います．

クーロンの法則とアンペールの法則を使った電位係数と誘導係数

　伝送線路理論で難しいのは電線がインダクタの性質（誘導係数 $\mathcal{L}$）とキャパ

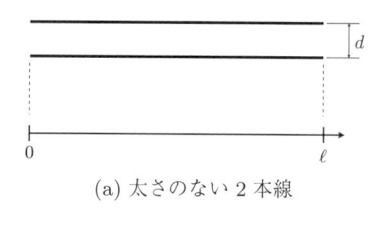

(a) 太さのない 2 本線

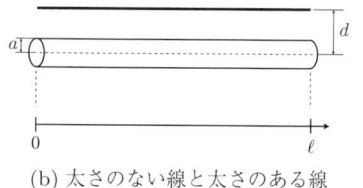

(b) 太さのない線と太さのある線

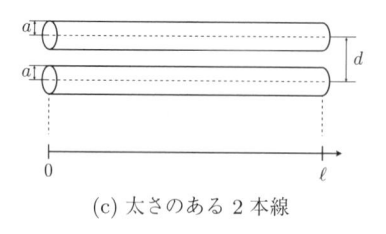

(c) 太さのある 2 本線

図 **9.1** 計算方法を勉強するために最初に (a) 太さのない 2 本線の間でのスカラーポテンシャルの計算をします. その結果を使って幾何学的平均距離の概念を導入します. そのうえで, (b) 太さのある場合の伝送線路の自己電位係数と (c) 相互電位係数の計算を順番に行います.

シタの性質（電位係数 $\mathcal{P}$）をもっていることを理解するところです. さらには, ヘビサイドが書いた偏微分方程式に現れる容量係数 $\mathcal{C}$ と誘導係数 $\mathcal{L}$ が一見違う方法で計算されているところです. 一方で, マクスウェル方程式においてスカラーポテンシャルを計算するという観点からは容量係数ではなくて, その逆数で表現される電位係数 $\mathcal{P}$ が現れます. これら二つの物理量の間の関係は $\mathcal{C} = 1/\mathcal{P}$ となることから, むしろマクスウェル方程式からスタートすると電位係数 $\mathcal{P}$ を計算する方が自然であると思われます. それともう一つ大事なことは, 電位係数はスカラーポテンシャルを電荷の分布からクーロンの法則に従って計算できるところです. さらには誘導係数 $\mathcal{L}$ はベクトルポテンシャルを電流の分布からアンペールの法則に従って計算するという, 物理的に自明な方法で計算できるところです.

　従来, 伝送線路理論で議論されているこれらの係数の計算方法にとらわれずにクーロンの法則に従って, 電位係数を簡単な系で計算するところから始めます. 図 9.2 で示しているように, 長さが l で太さが無視できる距離 d 離れた平行な 2 本の電線の片側の電線の位置 x でのスカラーポテンシャルは, もう一方の電線に分布している単位長さあたりの電荷 $Q(x', t)$ を使って計算します.

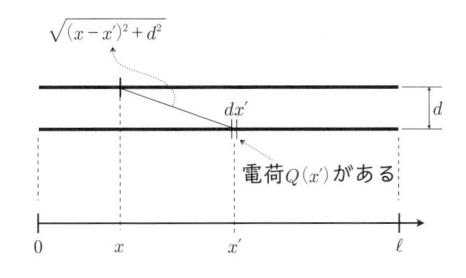

図 9.2 クーロンの法則では，一つの電線の場所 x でのスカラーポテンシャル $U(x)$ は距離 d 離れた位置にあるもう一つの電線の位置 x' にある単位長さあたりの電荷 $Q(x')$ からの寄与の足し算（積分）として計算します．

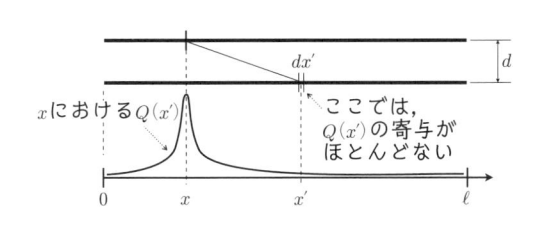

図 9.3 被積分関数の電荷分布以外の関数は $x' \sim x$ の位置に鋭いピークをもっている関数です．したがって，x' が x からある程度離れたところにある電荷からの寄与は小さくなります．

$$U(x,t) = \frac{1}{4\pi\varepsilon} \int_0^l dx' \frac{Q(x',t)}{\sqrt{(x-x')^2 + d^2}} \tag{9.1}$$

この式はクーロンの法則を使っており，非常にわかりやすい電磁気学の式になっています．伝送線路では電荷分布 $Q(x',t)$ は伝送線路理論を解いて初めてわかる物理量なのでこのままではこの積分は実行できません．ところが積分の中で電荷以外の被積分関数は，図 9.3 のように d が線の長さ l に比べてずっと小さいときには $x' = x$ のところで鋭いピークをもっている関数です．したがって，この積分は $x' = x$ のところだけが大きな寄与をもっています．そこで，$Q(x',t) \sim Q(x,t)$ と近似して，積分の外に出すことにします．そうすると

$$U(x,t) \sim \frac{1}{4\pi\varepsilon} \int_0^l dx' \frac{1}{\sqrt{(x-x')^2 + d^2}} Q(x,t) \tag{9.2}$$

という積分を計算すればポテンシャルが計算できることになります．この近似では位置 x のところのスカラーポテンシャル $U(x,t)$ は電線の方向（x 方向）に対して横方向にある電荷 $Q(x,t)$（同じ x の位置）からの寄与だけなので，電線から直角の横方向の電場しかもっていません．磁場についても電線とは直角の横方向成分しかもたないので，この近似をすることで導出される伝送線路理論は電

場と磁場が進行方向と直角の方向を向いているということで TEM (Transverse Electro-Magnetic) 波近似とよんでいます．このような近似で計算して得た 2 本線伝送理論の方程式はヘビサイドが導入した伝送線路理論に一致します．

この $Q(x,t)$ の前の係数はまだ電線の場所 x に依存しています．

$$\mathcal{P}(x) = \frac{1}{4\pi\varepsilon} \int_0^l dx' \frac{1}{\sqrt{(x-x')^2+d^2}} \tag{9.3}$$

そこでさらに電線のすべての位置での平均をとるという近似をすることで，この場所依存をなくします．この平均化は x で線の長さ分だけの積分をして，長さ l で割り算をするという操作になります．つまりは次式で $\frac{1}{l}\int_0^l dx$ の積分は式 (8.15) 同様，場所依存性が小さいと仮定して平均化しています．その式を電位係数 $\mathcal{P}$ とします．

$$\mathcal{P} = \frac{1}{4\pi\varepsilon} \frac{1}{l} \int_0^l dx \int_0^l dx' \frac{1}{\sqrt{(x-x')^2+d^2}} \tag{9.4}$$

この式で x' の積分は下記のように不定積分が解析的にわかっています．

$$\int dx' \frac{1}{\sqrt{(x-x')^2+d^2}} = \ln\left((x'-x) + \sqrt{(x-x')^2+d^2}\right) \tag{9.5}$$

さらに x での積分も次のように不定積分が解析的にわかっています．

$$\int dx \ln\left((l-x) + \sqrt{(l-x)^2+a^2}\right)$$
$$= (x-l)\ln\left((l-x) + \sqrt{(l-x)^2+a^2}\right) + \sqrt{(l-x)^2+a^2} \tag{9.6}$$

従って電位係数 $\mathcal{P}$ は次のように書けます．

$$\mathcal{P} = \frac{1}{4\pi\varepsilon l}\left(l\ln\frac{l+\sqrt{l^2+d^2}}{-l+\sqrt{l^2+d^2}} - 2\sqrt{l^2+d^2} + 2d\right)$$
$$\sim \frac{1}{2\pi\varepsilon}\left(\ln\frac{2l}{d} - 1\right) \tag{9.7}$$

ここで式 (9.7) の 1 番目から 2 番目の式変形では $l \gg d$ であり，l に比べて d は非常に小さいという近似を使っています．

この電位係数 $\mathcal{P}$ とまったく同じ考え方と計算法で誘導係数 $\mathcal{L}$ を求めること

ができます．すなわち，ベクトルポテンシャルが電流分布からアンペールの法則を使って計算できるという方法を使います．

$$A(x,t) = \frac{\mu}{4\pi} \int_0^l dx' \frac{I(x',t)}{\sqrt{(x-x')^2 + d^2}} \tag{9.8}$$

ただし，電流は一般にはベクトルですが，線の方向に流れているということで x 方向の成分だけをとっており，それを $I(x,t)$ と添字をつけないで書くことにしました．それと同時にベクトルポテンシャルもベクトル量ですが電流と同じ方向の成分だけをもつとしてこちらも添字をつけないで単純に $A(x,t)$ と書いてあります．スカラーポテンシャルのところで議論したこととまったく同じ方法でベクトルポテンシャルも計算できます．最終的には

$$A(x,t) = \mathcal{L}I(x,t) \tag{9.9}$$

と書くことができます．ここで現れる $\mathcal{L}$ は誘導係数とよばれるもので次のように書くことができます．

$$\begin{aligned}
\mathcal{L} &= \frac{\mu}{4\pi} \frac{1}{l} \int_0^l dx \int_0^l dx' \frac{1}{\sqrt{(x-x')^2 + d^2}} \\
&\sim \frac{\mu}{2\pi} \left(\ln \frac{2l}{d} - 1 \right)
\end{aligned} \tag{9.10}$$

誘導係数 $\mathcal{L}$ と電位係数 $\mathcal{P}$ は μ と ε だけが違いますがまったく同じ幾何学的な物理量の関数で表現されています．ここまでは x 方向の積分を行いました．次節で導入する幾何学的平均距離では y, z 方向の積分を行います．

問 9.1 次の不定積分の右辺を微分することにより，被積分関数を再現できることを示してください．

$$\int dx' \frac{1}{\sqrt{(x-x')^2 + a^2}} = \ln \left((x'-x) + \sqrt{(x-x')^2 + a^2} \right)$$

問 9.2 次の不定積分の右辺を微分することにより，被積分関数を再現できることを示してください．

$$\int dx \ln\left((l-x) + \sqrt{(l-x)^2 + a^2}\right)$$
$$= (x-l)\ln\left((l-x) + \sqrt{(l-x)^2 + a^2}\right) + \sqrt{(l-x)^2 + a^2}$$

幾何学的平均距離

　電位係数と誘導係数を導出するための有用な方法として幾何学的平均距離という概念を導入したいと思います．この概念は文献 [7] で詳しく議論されているもので，さまざまな電線の形状で計算されています．図 9.1(b)(c) のように電線に体積の効果があるときに導入する概念で，電線内の電荷密度分布や電線の形状が違っていても，電線の断面方向の積分結果をいつも同じ表現法で書けるのですばらしい概念であるといえます．それと電位係数も誘導係数も同じ方法で計算することができることも非常に魅力的な事実です．そこで電位係数を例にとって計算をすることで幾何学的平均距離についての議論を進めることにします．

　2 本線の電線の太さがない場合の電位係数は式 (9.7) と書くことができました．その式を使って次は図 9.1(b) の通り，1 本線は太さがなく，残りの 1 本線は太さのある場合を考えます．半径が a の太さのある電線が x 軸の方向に置かれています．その電線から d だけ離れたところにある 1 本の太さのない電線の位置 x でのスカラーポテンシャルを電荷分布が断面積方向に分布している場合の電荷密度 $q(x,y,z,t)$ を使って求めたいと思います（図 9.4）．この場合に重要なのは小文字の電荷密度 $q(x,y,z,t)$ を使っていることで，電荷密度をうまく処理して，単位長さあたりの電荷である $Q(x,t)$ で書く方法を見つけたいと思います．すべての場所での積分で表現されるスカラーポテンシャルは次のように書けます．

$$U(x,t) = \frac{1}{4\pi\varepsilon}\int_0^l dx' \int_S dy'dz' \frac{q(x',y',z',t)}{\sqrt{(x-x')^2 + y'^2 + (d-z')^2}} \tag{9.11}$$

式 (9.1) では太さがなかったので単純な積分形でしたが，電線の太さ方向 $dy'dz'$ の積分を新たに加える必要があることを示しています．この式はまさしく太さ

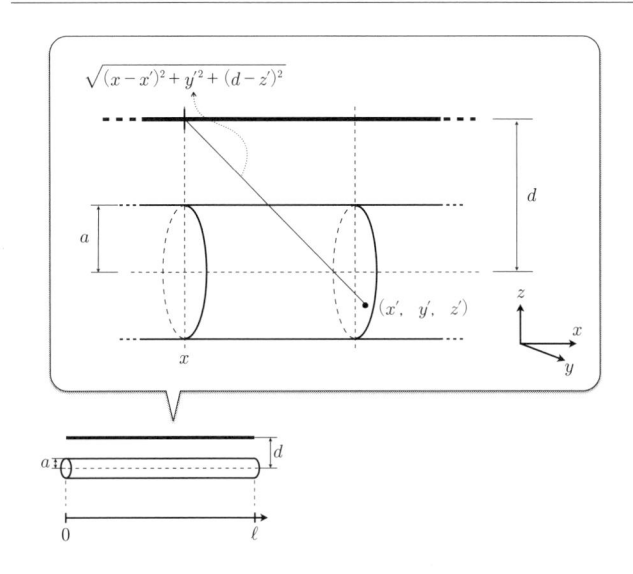

図 **9.4** 半径が a で長さが l の電線の中心から距離 d だけ離れたところに細い電線が置かれている場合の x の位置でのスカラーポテンシャルの計算を表した図.

のある線の各所からのクーロンポテンシャルを足し合せているクーロンの法則の式になります．この式はまともに計算するのは非常に難しいので，近似的に取り扱います．最初の近似は，前節の太さのない場合で述べたように，電荷分布では $x' = x$ のところが一番重要だという TEM 波近似をすることです．この近似では $q(x', y', z', t) \sim q(x, y', z', t)$ と書いて電荷密度を x' 積分の外に出します．さらに，場所に依存している電位係数の平均をとることとした前節の方法を使うことにします．その結果を式 (9.7) を使って次のように表現することができます．

$$U(x,t) = \frac{1}{2\pi\varepsilon} \int_S dy'dz' q(x,y',z',t) \left(\ln \frac{2l}{\sqrt{y'^2 + (d-z')^2}} - 1 \right) \quad (9.12)$$

ここで，式 (9.7) では d と書かれていたところが太さがある分だけ $\sqrt{y'^2+(d-z')^2}$ と書かれており，さらに y', z' の積分を行う必要があることがわかります．この段階で電荷 $q(x, y', z', t)$ の断面積内での y', z' 分布が重要になります．まずは例として $q(x, y', z', t)$ の y', z' 依存性がなくまったく一様である場合を考えることにします．そのために $q(x, y', z', t) = q(x, 0, 0, t)$ と書いて積分の外に出すことができます．

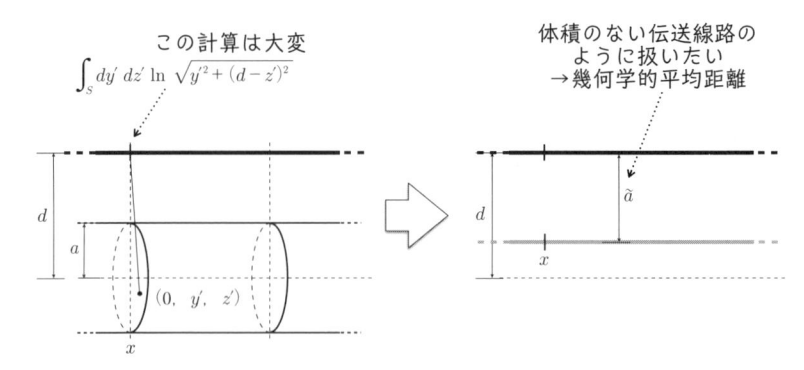

図 9.5　幾何学的平均距離 $\tilde{a}$ を用いると，体積のある伝送線路の電位係数 $\mathcal{P}$ と誘導係数 $\mathcal{L}$ が，体積のない場合の伝送線路での計算式を利用して表現できるようになる非常に便利な表記法です．

$$
\begin{aligned}
U(x,t) &= \frac{1}{2\pi\varepsilon} q(x,0,0,t) \int_S dy'dz' \left(\ln \frac{2l}{\sqrt{y'^2 + (d-z')^2}} - 1 \right) \\
&= \frac{1}{2\pi\varepsilon} q(x,0,0,t) \int_S dy'dz' \left(\ln 2l - \ln \sqrt{y'^2 + (d-z')^2} - 1 \right)
\end{aligned}
\tag{9.13}
$$

　上式の括弧内の 2 項目は y', z' に依存しているので実際に積分をする必要があります．この表現を使って幾何学的平均距離 $\tilde{a}$ の概念を次式で導入します．この考え方を図 9.5 に示しています．

$$
\ln \tilde{a} = \frac{1}{S} \int_S dy'dz' \ln \sqrt{y'^2 + (d-z')^2}
\tag{9.14}
$$

このように定義すると，$Q(x,t) = Sq(x,0,0,t)$ であり，電位係数は単純に次のように書けます．

$$
\mathcal{P} = \frac{1}{2\pi\varepsilon} \frac{1}{S} \int_S dy'dz' \left(\ln \frac{2l}{\tilde{a}} - 1 \right)
\tag{9.15}
$$

したがって，最終的な表現は幾何学的平均距離 $\tilde{a}$ を使って次のように書くことができます．

$$
U(x,t) = \frac{1}{2\pi\varepsilon} \left(\ln \frac{2l}{\tilde{a}} - 1 \right) Q(x,t)
\tag{9.16}
$$

このように幾何学的平均距離の概念を使うことで，電荷密度から単位長さあた

りの電荷 $Q(x,t)$ も無理なく導入することが可能になります.

この定義がわかったうえで実際の電線の場合を想定したさまざまな場合の $\tilde{a}$ の導出の議論をします.

電荷が電線全体に一様に分布している場合

この場合は例として途中まで上で議論したものです. 幾何学的平均距離 $\tilde{a}$ の定義として重要なところは電線内の電荷の分布の様子です. 電荷分布が一様なので幾何学的平均距離 $\tilde{a}$ の積分範囲は電線全体になります. 幾何学的平均距離 $\tilde{a}$ の計算式 (9.14) において, 断面積は $S = \pi a^2$ であり, 積分範囲は半径 a 内のすべてです. そこで, $dy'dz'$ を極座標 r, θ で表現することにします.

$$
\begin{aligned}
\ln \tilde{a} &= \frac{1}{\pi a^2} \int_0^a r dr \int_0^{2\pi} d\theta \ln \sqrt{r^2 + d^2 - 2dr \cos \theta} \\
&= \frac{1}{\pi a^2} \int_0^a r dr \int_0^{2\pi} d\theta (\frac{1}{2} \ln(1 + (d/r)^2 - 2(d/r) \cos \theta) + \ln r) \quad (9.17)
\end{aligned}
$$

ここで公式集にある角度での積分公式を書いておきます.

$$
\int_0^{2\pi} d\theta \ln(1 - 2a \cos \theta + a^2) = 2\pi \ln a^2 \quad (9.18)
$$

この式を使って上式の積分をすると次のようになります.

$$
\ln \tilde{a} = \frac{1}{\pi a^2} \int_0^a r dr 2\pi (\ln \frac{d}{r} + \ln r) = \ln d \quad (9.19)
$$

したがって, $\tilde{a} = d$ となります.

電荷が電線の表面付近だけに分布している場合

電荷が半径 a の電線の表面に厚さ Δ で一様に分布している場合を考えます. 伝搬する電磁場の周波数が大きい場合には, 電線表面での電磁場の揺動が十分に電線の中にまで届かず, 電荷分布が表面付近に集中する状態が実現されると考えられています. これを表皮効果とよびます. その場合の電荷分布は次の式で表現できます.

$$
q(x, y', z', t) = q(x, 0, a, t) \qquad (a - \Delta \leq r \leq a) \quad (9.20)
$$

ここで r は電線の半径方向の座標です．したがって，電荷と対数の部分を含む積分は次のように書けます．

$$\int_S dy'dz' q(x,y',z',t) \ln \sqrt{y'^2 + (d-z')^2}$$
$$= q(x,0,a,t) \int_{a-\Delta}^a rdr \int_0^{2\pi} d\theta \ln \sqrt{(r\sin\theta)^2 + (d-r\cos\theta)^2} \quad (9.21)$$

したがって単位長さあたりの電荷 $Q(x,t)$ に寄与する部分の面積は

$$S = \int_{a-\Delta}^a rdr \int_0^{2\pi} = 2\pi(a\Delta - \Delta^2/2) \quad (9.22)$$

と書くことができます．そのうえで幾何学的平均距離 $\tilde{a}$ は次式で表現できます．

$$\ln \tilde{a} = \frac{1}{S} \int_{a-\Delta}^a rdr \int_0^{2\pi} d\theta \ln \sqrt{d^2 - 2dr\cos\theta + r^2}$$
$$= \frac{1}{S} \int_{a-\Delta}^a rdr 2\pi \ln d = \ln d \quad (9.23)$$

ここで，再度積分公式 (9.18) が使われています．したがって，円形断面積をもつ電線の場合の幾何学的平均距離 $\tilde{a}$ は表皮効果の有無にかかわらず，単純に電線間の距離である d になります．

問 9.3　（電荷が電線の中心にしかない場合の計算）　仮想的な問題ですが，電荷が電線の中心にしかない場合の電荷分布は電荷 $Q(x,t)$ を使って $q(x,y',z',t) = Q(x,t)\delta(y')\delta(z')$ と書くことができます．この電荷分布を使ってこの場合の幾何学的平均距離 $\tilde{a}$ を求めてください．

幾何学的平均距離を使った電位係数と誘導係数

前節の幾何学的平均距離を電荷分布がいろいろな場合で計算できることで，本書で必要なすべての場合の電位係数 $\mathcal{P}$ と誘導係数 $\mathcal{L}$ を計算することができることになります．

まずは一つの電線の表面におけるスカラーポテンシャルを与える自己電位係

数を書いておくことにします．この場合の d はその電線の中心から表面への距離なので電線の太さ a になります．したがって，スカラーポテンシャルを電荷で表現する式

$$U(x,t) = \mathcal{P}Q(x,t) \tag{9.24}$$

での自己電位係数 $\mathcal{P}$ は $\tilde{a} = a$ なので

$$\mathcal{P} = \frac{1}{2\pi\varepsilon}\left(\ln\frac{2l}{a} - 1\right) \tag{9.25}$$

となります．

　次に，距離が $d(> a)$ だけ離れた二つの電線の場合の相互電位係数を求めることにします．二つ目の電線は太さ b をもっているとして，その表面上でのスカラーポテンシャルを与える相互電位係数 $\mathcal{P}$ を求めます．この際に二つ目の電線の表面の位置によって電位係数の値が違いますが，この値を平均することで2本線の相互電位係数を求めます．まずは一つ目の電線から距離が d 離れたところにある2番目の電線の中心に対する幾何学的平均距離は $\tilde{a} = d$ なので，あとは2番目の線の円周での平均をとればよいことになります．したがって相互電位係数に現れる幾何学的平均距離は次のように書くことができます．

$$\ln\tilde{a} = \frac{1}{2\pi b}\int_0^{2\pi} d\phi \ln\sqrt{d^2 - 2db\cos\phi + b^2} = \ln d \tag{9.26}$$

したがって，この場合も単純に2本線の間の距離で表現できます．したがって，相互電位係数は次のように書けます．

$$\mathcal{P} = \frac{1}{2\pi\varepsilon}\left(\ln\frac{2l}{d} - 1\right) \tag{9.27}$$

幾何学的平均距離を使えば，かなり複雑な形状をもった電線でも同様の表現法を使うことができます．丸い断面積をもった電線の場合には，非常に単純な値になることを示すことができました．

　ここまでは電位係数の議論をしてきました．そこではクーロンの法則が重要な役割を果たしました．誘導係数の場合にはアンペールの法則を使うことになりますが，ポテンシャルを表現する式はまったく同形になり，結局は同じ幾何

学的平均距離で誘導係数は現れます．これがマクスウェル方程式から直接これらの係数を導出することの利点だと思われます．すなわち，

$$A(x,t) = \mathcal{L}I(x,t) \tag{9.28}$$

と書くことが可能です．

さらにそれぞれの幾何学的平均距離は式 (9.25) において計算できているので，自己電位係数や相互電位係数，さらには自己誘導係数や相互誘導係数は電線の半径 a や線間距離 d を使って次のように書けます．自己係数はそれぞれに

$$
\begin{aligned}
\mathcal{P} &= \frac{1}{2\pi\varepsilon}\left(\ln\frac{2l}{a} - 1\right) \\
\mathcal{L} &= \frac{\mu}{2\pi}\left(\ln\frac{2l}{a} - 1\right)
\end{aligned}
\tag{9.29}
$$

であり，相互係数はそれぞれに

$$
\begin{aligned}
\mathcal{P} &= \frac{1}{2\pi\varepsilon}\left(\ln\frac{2l}{d} - 1\right) \\
\mathcal{L} &= \frac{\mu}{2\pi}\left(\ln\frac{2l}{d} - 1\right)
\end{aligned}
\tag{9.30}
$$

となります．

9.2 インピーダンスの計算方法

P と L を含む伝送線路理論

伝送線路理論を完成させるには複数の電線間の電位係数と誘導係数が必要になります．そこで一般に複数の電線がある場合に必要な電位係数を幾何学的平均距離を使って表現します．

$$\mathcal{P}_{ij} = \frac{1}{2\pi\varepsilon}\left(\ln\frac{2l}{\tilde{a}_{ij}} - 1\right) \tag{9.31}$$

ここで，電線が丸い形状の場合には，$\tilde{a}_{ij}$ において $i = j$ のときは，前節で計算したように式 (9.29) からその線の太さ a_i になります．この場合は自己電位係数とよびます．一方で，$i \neq j$ のときには，前節で計算したように式 (9.30) から

二つの線間の距離 d_{ij} になります. この場合には相互電位係数とよびます. このように電荷分布によって $\tilde{a}_{ij}$ の中身は違うもののその表現法はまったく同じになります. この表現法は誘導係数でもまったく同じ形になります.

$$\mathcal{L}_{ij} = \frac{\mu}{2\pi} \left(\ln \frac{2l}{\tilde{a}_{ij}} - 1 \right) \tag{9.32}$$

丸い形状の電線では, $i = j$ のときは $\tilde{a}_{ij} = a_i$ で自己誘導係数, $i \neq j$ のときは $\tilde{a}_{ij} = d_{ij}$ で相互誘導係数とよびます.

二つの電線の場合の伝送線路理論

2本の線の場合の伝送線路理論は二つの電線を走る電気信号のふるまいを記述する必要があります. 多導体伝送線路理論の最も簡単な場合に対応します. このような議論はこれまではなされていないのはもともとのヘビサイドの伝送線路理論が2本線の場合が基本になっているからです. 二つの電線を $i = 1, 2$ と番号づけすると次のような方程式が書けます.

$$\frac{\partial U_i(x,t)}{\partial t} = -\sum_{j=1}^{2} \mathcal{P}_{ij} \frac{\partial I_j(x,t)}{\partial x}$$
$$\frac{\partial U_i(x,t)}{\partial x} = -\sum_{j=1}^{2} \mathcal{L}_{ij} \frac{\partial I_j(x,t)}{\partial t} - \mathcal{R}_i I_i(x,t) \tag{9.33}$$

この2本線の伝送線路理論での電位は図9.6のように, 無限大に基準点をとっています. この二つのモードから差のモードと和のモードをつくります. この差のモードはノーマルモードともよばれ, 二つの電気回路の主成分です.

$$U_d(x,t) = U_1(x,t) - U_2(x,t)$$
$$I_d(x,t) = \frac{1}{2}(I_1(x,t) - I_2(x,t))$$
$$U_s(x,t) = \frac{1}{2}(U_1(x,t) + U_2(x,t)) \tag{9.34}$$
$$I_s(x,t) = I_1(x,t) + I_2(x,t)$$

この定義でわかるのは $U_d(x,t)$ は二つの電線の間の電位差になっていることです. さらには電源のところでの電流の総和が $I_1 + I_2 = 0$ ならば, 和のモード

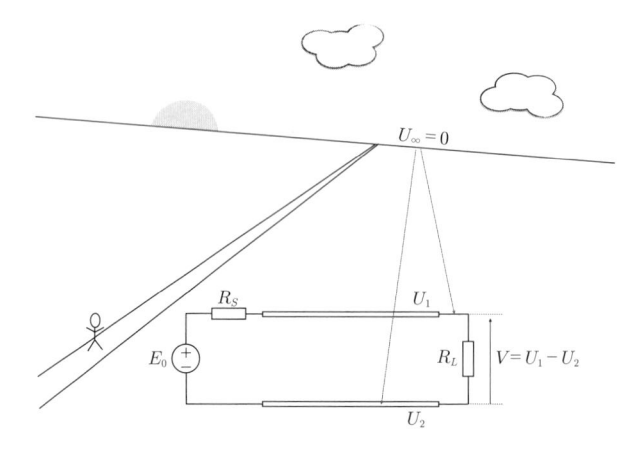

図 9.6　2 本線回路での電位 (U_1, U_2) は無限大を基準点（ゼロ）にとっています．2 本線回路のまわりには電気を伝えることができる導体はないという理想的な状態を扱っています．

はすべてのところでゼロになることを証明できます．したがって，この場合には差のモードの電流は $I_d(x,t) = I_1(x,t)$ となります．そこで従来の伝送線路理論に記号を合せることにして，$U_d = V$，$I_d = I$ と書くことにします．差のモードの方程式を書くと次のようになります．

$$\frac{\partial V(x,t)}{\partial t} = -\mathcal{P}\frac{\partial I(x,t)}{\partial x}$$
$$\frac{\partial V(x,t)}{\partial x} = -\mathcal{L}\frac{\partial I(x,t)}{\partial t} - \mathcal{R}I(x,t) \tag{9.35}$$

ここで，電位係数 $\mathcal{P}$ は各線の量である $\mathcal{P}_{ii}$ と線間の量である $\mathcal{P}_{ij}$ を使って次の関係で与えられます．誘導係数 $\mathcal{L}$ も同じような関係で与えられます．

$$\mathcal{P} = \mathcal{P}_{11} + \mathcal{P}_{22} - 2\mathcal{P}_{12}$$
$$\mathcal{L} = \mathcal{L}_{11} + \mathcal{L}_{22} - 2\mathcal{L}_{12} \tag{9.36}$$
$$\mathcal{R} = \mathcal{R}_1 + \mathcal{R}_2$$

2 本線の太さ a が等しく，線間の距離を d とすると次のようになります．上の式を使って，電位係数と誘導係数が計算されます．

$$\mathcal{P} = \frac{1}{\pi\varepsilon} \ln\frac{d}{a} \tag{9.37}$$

$$\mathcal{L} = \frac{\mu}{\pi} \ln\frac{d}{a} \tag{9.38}$$

この計算でわかるように，2 本線の場合の伝送線路理論の係数はそれぞれの電線の情報と線間の情報を必要としています．

問 9.4 2 本線回路の伝送方程式 (9.33) から差のモードと和のモードの定義 (9.34) を使って，差のモードの方程式として式 (9.35) を導出してください．その際の差のモードの方程式の係数である $\mathcal{P}$ と $\mathcal{L}$ は式 (9.36) で書けることを示してください．

問 9.5 $\mathcal{P}$ と $\mathcal{L}$ は式 (9.36) で書けることを使って，前節で求めた $\mathcal{P}_{ij}$ と $\mathcal{L}_{ij}$ を使って，2 本線伝送線路での電位係数 (9.37) と誘導係数 (9.38) を求めてください．

これらの式はヘビサイドが提案した微分方程式になります．ただし，ヘビサイドは電位係数ではなくその逆数の電気容量 $\mathcal{C}$ を使います．

$$\frac{\partial I(x,t)}{\partial x} = -\mathcal{C}\frac{\partial V(x,t)}{\partial t}$$
$$\frac{\partial V(x,t)}{\partial x} = -\mathcal{L}\frac{\partial I(x,t)}{\partial t} - \mathcal{R}I(x,t) \tag{9.39}$$

この式は上の式 (9.35) において $\mathcal{P} = 1/\mathcal{C}$ の置換えをすることで導出できます．$\mathcal{P}$ の計算方法ではそれぞれの電線における自己電位係数と線間の相互電位係数を使って系統的に計算しており，その導出方法は誘導係数の場合と同じでした．電気容量 $\mathcal{C}$ を直接計算するには，ここで書かれている方法とは違う議論を展開する必要があります．

9.3 特性インピーダンスと伝送速度

通常の 2 本線回路の伝送線路方程式

これまでの議論により，ヘビサイドの伝送線路理論はマクスウェル方程式から導出されました．そのことにより，伝送線路理論の一般化としてのアンテナ過程の導入などは自然にできるようになります．本章ではヘビサイドの式ではなくて電位係数を使った方程式で議論を進めていくことにします．前節で議論

した方法で差のモードの偏微分方程式を得ることができました．2本線の差の
モードの偏微分方程式は次のように電位係数と誘導係数を使って書くことがで
きます．

$$\frac{\partial V(x,t)}{\partial t} = -\mathcal{P}\frac{\partial I(x,t)}{\partial x}$$
$$\frac{\partial V(x,t)}{\partial x} = -\mathcal{L}\frac{\partial I(x,t)}{\partial t} - RI(x,t) \tag{9.40}$$

ここで差のモードの電位係数と誘導係数は次のように書けます．

$$\mathcal{P} = \frac{1}{\pi\varepsilon}\ln\frac{d}{a}$$
$$\mathcal{L} = \frac{\mu}{\pi}\ln\frac{d}{a} \tag{9.41}$$

これらの方程式で2本線回路の場合の伝送線路のふるまいが表現できます．

　2本線回路のときの特性インピーダンスと伝送速度は次のように書けます．

$$\mathcal{Z} = \sqrt{\mathcal{P}\mathcal{L}} = \frac{1}{\pi}\sqrt{\frac{\mu}{\varepsilon}}\ln\frac{d}{a}$$
$$c = \sqrt{\mathcal{P}\mathcal{L}} = \frac{1}{\sqrt{\mu\varepsilon}} \tag{9.42}$$

これらの関係式から $\mathcal{Z} = \mathcal{P}/c = \mathcal{L}c$ が証明できます．さらに特性インピーダン
スを使って上の式を書き換えることができます．

$$\frac{\partial V(x,t)}{c\partial t} = -\mathcal{Z}\frac{\partial I(x,t)}{\partial x}$$
$$\frac{\partial V(x,t)}{\partial x} = -\mathcal{Z}\frac{\partial I(x,t)}{c\partial t} - RI(x,t) \tag{9.43}$$

さらに，ポテンシャルを消去すると

$$\frac{\partial^2 I(x,t)}{\partial t^2} = c^2\frac{\partial I(x,t)}{\partial x^2} - R\frac{\partial I(x,t)}{\partial t} \tag{9.44}$$

この式では電流は光の速度で伝搬する波動であり，抵抗に比例する項はその電
流は抵抗により徐々に減衰することを示しています．これで，現象論的に導入
されていたヘビサイドの伝送線路理論をマクスウェル方程式から導出しました．

問 9.6 式 (9.43) において電位 $V(x,t)$ を消去することで，電流 $I(x,t)$ に対する 2 階の微分方程式 (9.44) を導出してください．また，式 (9.43) において電流 $I(x,t)$ を消去することで，電位 $V(x,t)$ に対する 2 階の微分方程式を導出してください．

第10章

伝送線路の数値計算法

伝送線路に電源と負荷をつけると簡単な電気回路になります．本章では線の長さを考慮した電気回路での計算方法と数値計算のアルゴリズムを紹介します．伝送線路の数が 2 本の場合の電気回路は基本の電気回路であり，抵抗やキャパシタ，インダクタを負荷としてつけたときの電気回路のふるまいを理解します．さらに，インピーダンスマッチング（整合）の概念を理解します．

10.1 簡単な電気回路での数値計算法

本章では伝送線路と集中定数回路を接続した電気回路を数値計算で解く方法を学びます．まずは伝送線における偏微分方程式の数値計算方法を学び，その後に伝送線路と集中定数回路の境界条件を解く方法を学びます．図 10.1 に示すように，基本的な電気回路は電源などを含む集中定数回路として扱う電源部と，その信号を伝送する分布定数回路と，集中定数回路として扱う負荷部で構成されています．

2 本線電気回路での時間応答

2 本線の場合の伝送線路方程式は前章で導きましたが，その差のモードが 2 本線電気回路の方程式となります．差のモードの電位は 2 本線の電位差なので $V(x,t)$ と書き，電流は $I(x,t)$ を使って書きます．なお本章以降ではそれぞれの変数で時間もあらわに書くことにします．

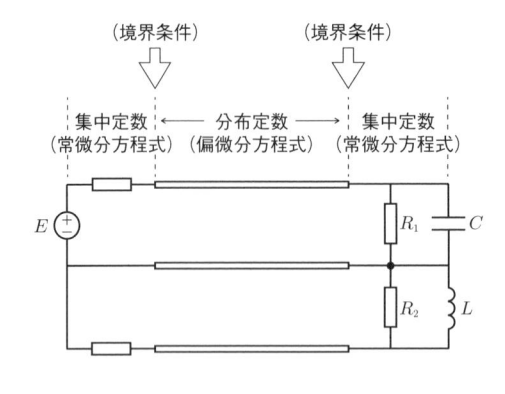

図 **10.1**　電気回路は電源など
を含む集中定数回路として扱
う電源部と，その信号を伝送
する分布定数回路と，集中定
数回路として扱う負荷部で構
成されています．

$$\frac{\partial V(x,t)}{\partial ct} = -\mathcal{Z}\frac{\partial I(x,t)}{\partial x} \tag{10.1}$$

$$\frac{\partial V(x,t)}{\partial x} = -\mathcal{Z}\frac{\partial I(x,t)}{\partial ct} - \mathcal{R}I(x,t) \tag{10.2}$$

特性インピーダンス $\mathcal{Z}$ と光の速度 c を使って伝送方程式を書いています．特性
インピーダンスは二つの電線の半径がともに a で線間の距離が d のときには次
のようになります．

$$\mathcal{Z} = \frac{1}{\pi}\sqrt{\frac{\mu}{\varepsilon}}\ln\frac{d}{a} \tag{10.3}$$

伝送速度 c は次のように書けます．

$$c^2 = \frac{\mathcal{P}}{\mathcal{L}} = \frac{1}{\mu\varepsilon} \tag{10.4}$$

となります．伝送速度に関してはここまでは真空の誘電係数を使っていますが，
物質内での誘電係数を使うと光速より遅い伝送速度になります．

　電気回路はこの偏微分方程式で表現される伝送線路部に加えて，図 10.1 にあ
るように集中定数回路として扱う電源部と，伝送線路によって接続された集中
定数回路として扱う負荷部があります．その全体を結合した電気回路系の計算
方法を学びます．

ＦＤＴＤ法

　上記の偏微分方程式を数値的に解く方法を導入します．通常この方法を有限
差分時間領域法（Finite Difference Time Domain method: FDTD 法）とよ

びます．FDTD 法では伝送線路方程式を差分化して差分方程式の形に書き換えます．この際に微分は数値計算の精度を上げるために平均微分を採用します．平均微分では微分を中間点で計算します．

$$\frac{df(x)}{dx} = \frac{f(x + \Delta x/2) - f(x - \Delta x/2)}{\Delta x} \tag{10.5}$$

ここで，二つの場所の差 Δx は非常に小さな有限の長さですが，このように x での微分をそれぞれに前後に $\Delta x/2$ だけずれた関数値の差として表現すると数値計算の精度が向上します．時間についても同じように平均微分を採用します．

$$\frac{dg(t)}{dt} = \frac{g(t + \Delta t/2) - g(t - \Delta t/2)}{\Delta t} \tag{10.6}$$

ここで，Δt は非常に小さな有限の時間です．

この平均微分の方法を使って，方程式 (10.1) を書いてみます．ここで偏微分は微分する変数以外の変数は変化させないという定義になっています．

$$\frac{V(x, t + \Delta t/2) - V(x, t - \Delta t/2)}{c\Delta t}$$
$$= -\mathcal{Z}\frac{I(x + \Delta x/2, t) - I(x - \Delta x/2, t)}{\Delta x} \tag{10.7}$$

左辺は時間微分を時間 t を中心とした前後の関数の差として表現されています．したがって，右辺の中の電流の時間は t と書かれています．一方で，右辺の場所微分は場所 x を中心とした前後の場所の差として表現されています．したがって，左辺の中の電圧の場所は x と書かれています．方程式 (10.2) も平均微分の方法で表現すると次のように書けます．

$$\frac{V(x + \Delta x/2, t) - V(x - \Delta x/2, t)}{\Delta x}$$
$$= -\mathcal{Z}\frac{I(x, t + \Delta t/2) - I(x, t - \Delta t/2)}{c\Delta t} - \mathcal{R}\frac{I(x, t + \Delta t/2) + I(x, t - \Delta t/2)}{2} \tag{10.8}$$

この二つの差分方程式は電圧と電流でメッシュのとり方を半分ずつずらす必要があることを表しています．そこで，電圧は時間空間ともに整数点で定義し，電流はそれに伴って半奇数点で定義することにします．その様子を図 10.2 に書

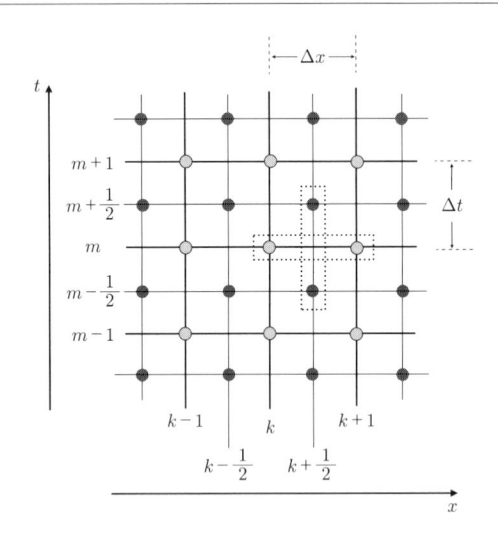

図 **10.2** FDTD 法を使って偏微分方程式を解く場合には，場所 Δx と時間 Δt の微分を行いますが，平均微分を使うので整数と半整数をうまく組み合せて表現しなければなりません．例えば，電圧は整数のメッシュポイント，電流は半整数のメッシュポイントをとります．その様子を横軸に場所 x，縦軸に時間 t を書いて表現しています．

いておきます．

電圧は整数 $x = k\Delta x$ と $t = m\Delta t$ のメッシュポイントでの値を求めます．一方で，電流は半整数 $x = (k+1/2)\Delta x$ と $t = (m+1/2)\Delta t$ での値を求めることにします．上の式 (10.7) において $x = k\Delta x$ とし，時間が $t + \Delta t/2$ となっているところを，さらに式全体で $\Delta t/2$ ずらして，時間方向でも整数点 $t = (k+1)\Delta t$ ととることにすると，次の差分方程式が得られます．

$$\frac{V_k^{m+1} - V_k^m}{c\Delta t} = -\mathcal{Z}\frac{I_{k+1/2}^{m+1/2} - I_{k-1/2}^{m+1/2}}{\Delta x} \tag{10.9}$$

電流の方は上式 (10.7) で時間を $\Delta t/2$ ずらしたことで，空間も時間も半整数点での値を求める差分方程式になります．ただし，電圧での下添字は k と書かれている x 方向の整数メッシュ点が書かれており，上添字は m と書かれている t 方向の整数メッシュ点が書かれています．電流に関しては x も t も半整数点がとられています．これと第 2 の式 (10.8) においても場所方向に $\Delta x/2$ だけずらした関係式をつくると次の差分方程式を得ることができます．

$$\frac{V_{k+1}^m - V_k^m}{\Delta x} = -\mathcal{Z}\frac{I_{k+1/2}^{m+1/2} - I_{k+1/2}^{m-1/2}}{c\Delta t} - \mathcal{R}\frac{I_{k+1/2}^{m+1/2} + I_{k+1/2}^{m-1/2}}{2} \tag{10.10}$$

FDTD 法では時間メッシュ間隔と空間メッシュ間隔を等しくとるのが最もよい

数値結果を与えるので，$c\Delta t = \Delta x$ ととります．

上記の差分化した方程式において，m は時間方向のメッシュの番号で $m = 0, 1, 2, \cdots, M$ まで走ります．ここで M は数値計算を止める最大の時間です．時間との関係は $t = m\Delta t$ となります．一方で k は x 方向のメッシュの番号で $k = 0, 1, 2, \cdots, N$ まで走ります．x 方向の長さとの関係は $x = k\Delta x$ となります．ここで N は電線の右端でのメッシュの番号です．電位の方は時間・空間ともに整数のメッシュポイントで表現されます．一方で，電流の方は時間・空間のどちらも半整数のメッシュポイントで表現されています．

問 10.1 平均微分を差分的に書いた式 (10.7) で $x = k\Delta x$, $t = m\Delta t$ を代入して書いた式は次のようになることを確かめてください．

$$\frac{V(k\Delta x, (m+1/2)\Delta t) - V(k\Delta x, (m-1/2)\Delta t)}{c\Delta t}$$
$$= -\mathcal{Z}\frac{I((k+1/2)\Delta x, m\Delta t) - I((k-1/2)\Delta x, m\Delta t)}{\Delta x}$$

さらに，V の方は整数点をとるということにして，この式を $\Delta t/2$ だけ大きい方向にずらして，V や I の中の Δx と Δt を書かないことにすると，式 (10.9) と書けることを確かめてください．

10.2 多導体伝送線路の数値計算アルゴリズムと境界条件の式

伝送線路の両端の集中定数回路との接続

伝送線路の両端には電源や負荷を連結することで電気回路を構成します．伝送線路側から見れば，集中定数回路は境界条件になりますが，電源や負荷から見るとそれぞれの場所での電圧や電流の成分となり，キルヒホッフの法則を使って関係式をつくる一つの大事な成分となります．したがって，境界では集中定数回路の部分と伝送線路の始点や終点は同時に解く必要があります．境界部分では前節の差分化された微分方程式も同時に解く必要がありますが，FDTD 法とうまく整合性をとる必要があります．そのために空間の差分は図 10.3 のように $\Delta x/2$ とすることで，境界のところでの伝送線路の電流を導入します．この

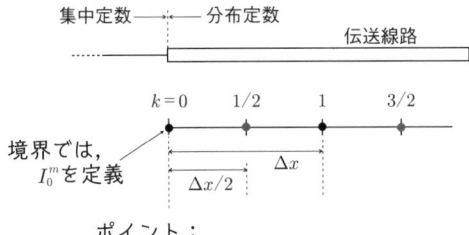

図 **10.3**　境界では複雑な条件を解かなければなりません．境界での伝送線電流を導入するために $\Delta x/2$ に差分化された偏微分方程式をつくり，集中定数回路の常微分方程式と合せて一挙に解きます．伝送線では半整数で取り扱っていた電流を境界に限り，I_0^m のように境界点 $(k=0)$ での値を使います．

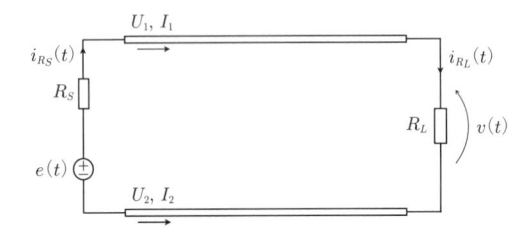

図 **10.4**　簡単な 2 本線回路．電源部では電源 e と抵抗 R_S が取りつけられており，負荷部では抵抗 R_L が取りつけられています．抵抗を流れる電源は i_{R_S} や i_{R_L} と書き，さらに矢印で電流の向きを書くと計算がわかりやすくなります．

ことを正確に把握するために簡単な電源や負荷が両端に取りつけられている 2 本線の場合（図 10.4）の考察を先に行います．

電源側：$k=0$

　境界ではキルヒホッフの電圧則と電流則が成り立つ必要があります．電源側（左側）の 2 本線の電位差は

$$V(0,t) = e(t) - R_S i_{R_S}(t) \tag{10.11}$$

と外部電源とそこを流れる電流および抵抗で決まります．この抵抗を流れる電流は 2 本線回路の場合には伝送線を流れる電流と一致し，$i_{R_S}(t) = I(0,t)$ となります．上の三つの式での未知数は電線の電源部での電位差 $V(0,t)$ と電流 $I(0,t)$ となり，一つの関係式 $V(0,t) = e(t) - R_S I(0,t)$ となります．もう一つの関係式は電線の伝送線路方程式から与えることができます．

　伝送線路方程式 (10.9) で $k=0$ のところの関係式では $I_{-1/2}^{m+1/2}$ のように電線からはみ出すところの電流が必要な式になります．そこで，集中定数回路との

整合性をとるために差分方程式において，図 10.3 のように二つの場所の差を Δx とはとらないで，その半分の $\Delta x/2$ ととることにします．そのことで，伝送方程式に $I_0^{m+1/2}$ を導入することが可能です．さらに境界のところの電流も電圧と同じ時刻にするために次の関係を導入します．

$$I_0^{m+1/2} = \frac{I_0^{m+1} + I_0^m}{2} \qquad (10.12)$$

したがって，もう一つの関係式は

$$\frac{V_0^{m+1} - V_0^m}{c\Delta t} = -\mathcal{Z}\frac{2I_{1/2}^{m+1/2} - (I_0^{m+1} + I_0^m)}{\Delta x} \qquad (10.13)$$

と書くことができます．電源との関係式 (10.11) を差分法で書くと

$$V_0^{m+1} = e^{m+1} - R_S I_0^{m+1} \qquad (10.14)$$

となり，未知の量である電位差 V_0^{m+1} と電流 I_0^{m+1} を既存の電位差 V_0^m，電流 I_0^m とさらに離れた点での既知の電流 $I_{1/2}^{m+1/2}$ を使って解くことができます．

負荷側：$k = N$

話を繰り返すことになりますが，負荷側（右側）の関係式も書いておきます．境界ではキルヒホッフの電圧則と電流則が成り立つ必要があります．負荷側の 2 本線の電位差は抵抗と電流の積で与えられます．

$$V(N,t) = R_L i_{R_L}(t) \qquad (10.15)$$

電流は i_{R_L} は $i_{R_L}(t) = I(N,t)$ となり，未知数は電線の電源部での電位差 $V(N,t)$ と電流 $I(N,t)$ となり，一つの関係式 $V(N,t) = R_S I(0,t)$ となります．もう一つの関係式は電線の伝送線路方程式から与えることができます．

伝送線路方程式で $k = N$ のところの関係式は式 (10.1) で $k = N$ を入れた式ですが，次式で示すように電線からはみ出すところの数字が必要な式になります．

$$\frac{V_N^{m+1} - V_N^m}{c\Delta t} = -\mathcal{Z}\frac{I_{N+1/2}^{m+1/2} - I_{N-1/2}^{m+1/2}}{\Delta x} \qquad (10.16)$$

電流が $k = N$ の値を使う方程式をこの式からつくります．つまりはこの差分

方程式で右辺の二つの場所の差を Δx とはとらないで半分の $\Delta x/2$ とすると，$I_N^{m+1/2}$ と書き換えることが可能です．さらに

$$I_N^{m+1/2} = \frac{I_N^{m+1} + I_N^m}{2} \tag{10.17}$$

とすると，もう一つの関係式は

$$\frac{V_N^{m+1} - V_N^m}{c\Delta t} = -\mathcal{Z}\frac{(I_N^{m+1} + I_N^m) - 2I_{N-1/2}^{m+1/2}}{\Delta x} \tag{10.18}$$

と書くことができます．電源との関係式 (10.15) を差分法で書くと

$$V_N^{m+1} = R_L I_N^{m+1} \tag{10.19}$$

となり，未知の量である電位差 V_N^{m+1} と電流 I_N^{m+1} を既存の電位差 V_N^m，電流 I_N^m とさらに離れた点での既知の電流 $I_{N-1/2}^{m+1/2}$ を使って解くことができます．

　これで，数値計算のための必要な関係式はそろったので，FDTD 法による全体の計算の手順を書いておきます．

1. 初期（時間ゼロ）の段階では電位差 V や電流 I などの物理量はすべてゼロになっている．

2. $m = 1$ で電源が有限の電圧を出力し，それを受けて電源部 $k = 0$ の電流 I_0^1 や電位差 V_0^1 が電源部の方程式 (10.13) と (10.14) を使って決定される．

3. 電源部の電位差 V_0^1 と電流 I_0^1 の値がわかったので，伝送方程式 (10.9) を使って，順次有限の場所 $k = 1, \cdots, N - 1$ のところの電位差を求める．

4. 負荷部 $(k = N)$ での電位差 V_N^1 と電流 I_N^1 の値を負荷部の方程式 (10.18) と (10.19) を使って決定する．

5. これで，時間メッシュが $m = 1$ でのすべてのメッシュ点での電位差 $V_k^1(k = 1, \cdots, N)$ を計算できたので，次は $m = 3/2$ での電流 $I_{k=1/2,\cdots,N-1/2}^{3/2}$ を伝送方程式 (10.10) を使って計算する．これで FDTD 計算の 1 ラウンドとする．

6. そのうえで，次のメッシュ時間である $m = 2$ での電源部での電位差と電流を求め，さらに上のプロセスを繰り返し行うことで，任意の時間 $m = 2, \cdots, M$ までの計算をすることができる．

複数の伝送線路と集中定数回路に複数の電気素子がある場合の境界条件

集中定数回路の際に式 (5.28) (112 ページ) のように接続電位方程式をつくりました. その際は回路の節点のところで定義される電位 $\mathbf{U} = (u_1, u_2, \cdots, u_n)$ とその節点間を流れる電流 $\mathbf{I} = (i_e, i_{R_1}, \cdots, i_{R_n})$ と電圧電源 e や電流電源 j とインピーダンス $\mathbf{Z}$ などで表現されました. 今後, 伝送線路方程式と結合することを考えて, すべての物理量に L という添字をつけて以前に議論した接続方程式を書きます.

$$
\begin{pmatrix} \mathbf{A}_L^T & -\mathbf{Z}_L \\ \mathbf{0} & \mathbf{A}_L \end{pmatrix} \begin{pmatrix} \mathbf{U}_L^{m+1} \\ \mathbf{I}_L^{m+1} \end{pmatrix} = \begin{pmatrix} -\epsilon\mathbf{A}_L^T & \delta\mathbf{Z}_L \\ \mathbf{0} & \mathbf{0} \end{pmatrix} \begin{pmatrix} \mathbf{U}_L^m \\ \mathbf{I}_L^m \end{pmatrix} + \begin{pmatrix} \mathbf{E}_b^{m+1} + \mathbf{E}_b^m \\ \mathbf{J}_b^{m+1} \end{pmatrix}
$$

$$(10.20)$$

この式の中で $\mathbf{A}_L^T$ とあるのは接続行列 $\mathbf{A}_L$ の転置行列を表します. 左辺で時間メッシュポイント $m+1$ とあり, 右辺に時間メッシュポイント m とあるのは, 時間が m の段階までわかっている電位や電流を使って, 次の時間である $m+1$ での電位と電流を求めるという表現になっています. 2 本線の場合には回路的に単純であることで, 電源部や負荷部が簡単な場合には, 前節のように 2 本線の間の電位差と電源および抵抗との関係で境界条件をつくって FDTD 法でどのように解くのかを議論しました. そのことで FDTD 法のエッセンスを理解してほしいと考えました. 本書では, さらに集中定数側の回路がもっと複雑な場合には, そこで使われてきた接続方程式に分布定数回路の寄与をつけ足す方法が最も合理的な方法だと考えます.

そこで, 電線の境界のところでの電位を $\mathbf{U}$ というベクトル量で表すことにします. 2 本線の場合には $\mathbf{U} = (U_1, U_2)^T$ となります. それに応じて電流も 2 本線の場合には $\mathbf{I} = (I_1, I_2)^T$ と書くことにします. つまりはこのように電線の電位を使うことで接続方程式に自然に結合することにします. このようにベクトル量として電位と電流を表現しておくと, 次章で議論することになる 3 本線の場合には $\mathbf{U} = (U_1, U_2, U_3)^T$ や $\mathbf{I} = (I_1, I_2, I_3)^T$ となり, 一般の場合の取扱いもベクトルの次元を増やすことで, ここで書いた式が使えることになります. これらのベクトル記号を使うことで, これまでに議論されてきた電源側の境界

でのこれらの電位 $\mathbf{U}$ と電流 $\mathbf{I}$ の関係は 2 本線の場合に示したように式 (10.13) の形式をそのまま使って次のようになります.

$$\frac{\mathbf{U}_0^{m+1} - \mathbf{U}_0^m}{c\Delta t} = -\mathbf{Z}\frac{\mathbf{I}_{1/2}^{m+1/2} - \frac{1}{2}(\mathbf{I}_0^{m+1} + \mathbf{I}_0^m)}{\Delta x/2} \tag{10.21}$$

この式で電位や電流は伝送方程式に現れる物理量なので, 下の添字は場所を表しており, 上の添字は時間を表しています. 例えば $\mathbf{U}_0^{m+1}$ は場所が左端の点 $k = 0$ で時間が $m + 1$ のメッシュ点であることを意味しています.

　この式と集中定数の方程式 (10.20) を組み合せると以下の境界条件の式が得られます.

$$\begin{pmatrix} \mathbf{A}^T & -\mathbf{Z} \\ \mathbf{0} & \mathbf{A} \end{pmatrix} \begin{pmatrix} \mathbf{U}_0^{m+1} \\ \mathbf{I}_0^{m+1} \end{pmatrix} = \begin{pmatrix} -\epsilon\mathbf{A}^T & \delta\mathbf{Z} \\ \mathbf{0} & \mathbf{0} \end{pmatrix} \begin{pmatrix} \mathbf{U}_0^m \\ \mathbf{I}_0^m \end{pmatrix} + \begin{pmatrix} \mathbf{E}_b^{m+1} + \mathbf{E}_b^m \\ \mathbf{J}_b^{m+1} \end{pmatrix}$$

$$\tag{10.22}$$

ここで, 集中定数回路の場合の接続電位方程式と違っていて注意を必要とするのは, 集中定数回路の場合には回路は閉じており, 電流の総和はゼロになっていることから接続行列では一つの行を除いた (同時に一つの電位をゼロにする) 既約接続行列を使う必要がありました. 分布定数回路との境界のところで使う場合には回路は閉じておらず, 既約にする必要はないので, 電流保存則からつくられる接続行列をそのままで使います. この接続電位方程式において, それぞれの行列やベクトル量は集中定数側の情報と伝送線路側の情報が足し合された行列や電位ベクトルや電流ベクトルに拡張されたものになります. 集中定数回路の物理量は L, 伝送線路の物理量は D という添字をつけておくことにします. 接続行列は

$$\mathbf{A} = \begin{pmatrix} \mathbf{A}_L & \mathbf{A}_D \end{pmatrix} \tag{10.23}$$

のようにそれぞれの接続行列で表現されています. 集中定数側 $\mathbf{A}_L$ と伝送線路側 $\mathbf{A}_D$ の接続行列はそれぞれの節点における KCL から決定されます. 具体的な内容と決め方は実際の場合を例にして次節で説明します. インピーダンス行列は次のように集中定数側 $\mathbf{Z}_L$ と伝送線路側 $\mathbf{Z}_D$ の行列を使って表現されます.

$$\mathbf{Z} = \begin{pmatrix} \mathbf{Z}_L & \mathbf{0} \\ \mathbf{0} & \mathbf{Z}_D \end{pmatrix} \tag{10.24}$$

インピーダンス行列は集中定数側と伝送線路側は結合しないのでゼロが入っています. さらにインピーダンスの性質（抵抗, キャパシタ, インダクタ）に応じて, ϵ や δ が次のように与えられます.

$$\epsilon = \begin{pmatrix} \epsilon_L & \mathbf{0} \\ \mathbf{0} & \epsilon_D \end{pmatrix}, \ \delta = \begin{pmatrix} \delta_L & \mathbf{0} \\ \mathbf{0} & \delta_D \end{pmatrix} \tag{10.25}$$

電源に関する行列は次のようにそれぞれの部位での行列を足し合せたものになります. ただし, 伝送線に対応する部分はゼロが入っています.

$$\mathbf{E}_b^m = \begin{pmatrix} \mathbf{E}^m \\ \mathbf{0} \end{pmatrix}, \ \mathbf{J}_b^m = \begin{pmatrix} \mathbf{0} \\ -\mathbf{A}_J \mathbf{J}^m \end{pmatrix} \tag{10.26}$$

これらの行列を知ったうえで, 電位と電流を決めていきますが, 電位ベクトルも電流ベクトルもそれぞれ拡張されたベクトルになります. ただし, 電位ベクトルに関しては習慣上, 電線の電位を先に書くことにしています. つまりは図にあるように電線の電位を先に $1, 2, 3, \cdots$ と番号づけ, 集中定数回路側の節点は次の番号を使って表現します.

$$\mathbf{U}_0^m = \begin{pmatrix} \mathbf{U}_{D,0}^m \\ \mathbf{U}_L^m \end{pmatrix}, \ \mathbf{I}_0^{m+1} = \begin{pmatrix} \mathbf{I}_L^{m+1} \\ \mathbf{I}_{D,0}^{m+1} \end{pmatrix}, \ \mathbf{I}_0^m = \begin{pmatrix} \mathbf{I}_L^m \\ \mathbf{I}_{D,0}^m - 2\mathbf{I}_{D,1/2}^{m-1/2} \end{pmatrix} \tag{10.27}$$

一方で, 負荷側（右側）の関係式も電源側（左側）と同様に書くことができます. 大きく違っているのは伝送線路において, 電線の終端での値を使うところです.

$$\frac{\mathbf{U}_{N+1}^{m+1} - \mathbf{U}_{N+1}^m}{\Delta t} = -\mathbf{Z} \frac{\frac{1}{2}(\mathbf{I}_{N+1}^{m+1} + \mathbf{I}_{N+1}^m) - \mathbf{I}_{N+1/2}^{m+1/2}}{\Delta x/2} \tag{10.28}$$

この式と集中定数の方程式 (10.29) を組み合せると電源側とほぼ同じ以下の境界条件の式が得られます. 詳細は実際の例題のところで議論します.

$$\begin{pmatrix} \mathbf{A}^T & -\mathbf{Z} \\ \mathbf{0} & \mathbf{A} \end{pmatrix} \begin{pmatrix} \mathbf{U}_N^{m+1} \\ \mathbf{I}_N^{m+1} \end{pmatrix} = \begin{pmatrix} -\epsilon \mathbf{A}^T & \delta \mathbf{Z} \\ \mathbf{0} & \mathbf{0} \end{pmatrix} \begin{pmatrix} \mathbf{U}_N^m \\ \mathbf{I}_N^m \end{pmatrix} + \begin{pmatrix} \mathbf{E}_b^{m+1} + \mathbf{E}_b^m \\ \mathbf{J}_b^{m+1} \end{pmatrix}$$

$$\tag{10.29}$$

$$\boldsymbol{\epsilon} = \begin{pmatrix} \boldsymbol{\epsilon}_L & \mathbf{0} \\ \mathbf{0} & \boldsymbol{\epsilon}_D \end{pmatrix}, \ \boldsymbol{\delta} = \begin{pmatrix} \boldsymbol{\delta}_L & \mathbf{0} \\ \mathbf{0} & \boldsymbol{\delta}_D \end{pmatrix} \tag{10.30}$$

$$\mathbf{U}_N^m = \begin{pmatrix} \mathbf{U}_L^m \\ \mathbf{U}_{D,N}^m \end{pmatrix}, \ \mathbf{I}_N^{m+1} = \begin{pmatrix} \mathbf{I}_L^{m+1} \\ \mathbf{I}_{D,N}^{m+1} \end{pmatrix}, \ \mathbf{I}_N^m = \begin{pmatrix} \mathbf{I}_L^m \\ \mathbf{I}_{D,N}^m - 2\mathbf{I}_{D,N-1/2}^{m-1/2} \end{pmatrix} \tag{10.31}$$

ここで，電源側の接続方程式と微妙に細部が違っているところに注意してください．次節では実際に，さまざまな場合におけるこの方程式をつくってみます．

10.3　さまざまな電磁回路とその計算結果

簡単な回路の数値結果

簡単な 2 本線回路の場合の FDTD 法を使った数値計算のアルゴリズムが前節で書かれています．アルゴリズムを実際にプログラムにするところはプログラミングの知識が必要です．本書ではプログラムの詳細は書かないことにして，Python で作成したプログラムをウェブサイトで公開しています．さまざまな場合の計算方法と計算結果を理解したうえで，それぞれの問題に挑戦してください．

負荷が抵抗の場合

2 本線の伝送線に簡単な電源と負荷をつけた場合の数値計算例を議論します．図 10.5 のように伝送線の左側には電圧源 $e(t)$ と出力抵抗 R_S があり，右側には負荷 R_L をつけています．

電源側の接続行列

電源側の接続行列を求めるために，図 10.5 の回路の節点に番号を振っておき

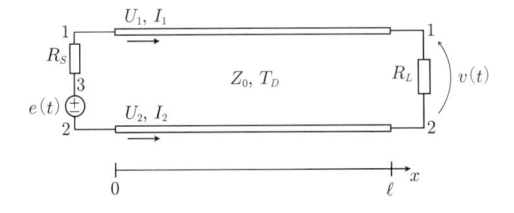

図 **10.5**　伝送線の数値計算例．伝送線の電源側には電圧源 $e(t)$ と出力抵抗 R_S があり，負荷側には負荷 R_L をつけています．

ます．それぞれの節点での電位から電位ベクトル $\mathbf{U}$，節点間から出ていく電流と入ってくる電流から電流ベクトル $\mathbf{I}$ を定義します．

$$
\mathbf{U}_0^m = \begin{pmatrix} U_1^m \\ U_2^m \\ u_3^m \end{pmatrix}, \ \mathbf{I}_0^{m+1} = \begin{pmatrix} i_e^{m+1} \\ i_{R_S}^{m+1} \\ I_{1,0}^{m+1} \\ I_{2,0}^{m+1} \end{pmatrix}, \ \mathbf{I}_0^m = \begin{pmatrix} i_e^m \\ i_{R_S}^m \\ I_{1,0}^m - 2I_{1,1/2}^m \\ I_{2,0}^m - 2I_{2,1/2}^m \end{pmatrix} \tag{10.32}
$$

ここで，節点を図 10.5 のように番号づけたので，電位ベクトル $\mathbf{U}_0^m$ はこの式 (10.32) の順番で並べます．電流ベクトルではそれぞれの素子のところを流れる電流という意味で i_e, i_{R_S} のように書くことにします．

このように準備しておいて，接続行列の行側には節点の番号 $1, 2, 3$ を書き，列側にはそれぞれの素子を流れる電流を書き込んでおきます．電流の出入りを考慮して次のように接続行列 $\mathbf{A}$ は書くことができます．

$$
\mathbf{A} = \begin{matrix} & \begin{matrix} e_1 & R_S & I_1 & I_2 \end{matrix} \\ \begin{matrix} 1 \\ 2 \\ 3 \end{matrix} & \begin{pmatrix} 0 & 1 & 1 & 0 \\ -1 & 0 & 0 & 1 \\ 1 & -1 & 0 & 0 \end{pmatrix} \end{matrix} \tag{10.33}
$$

1 の節点では抵抗 R_S に入る電流と電線 1 に出ていく電流が関係するのでそれぞれの電流のところに 1 が入っています．2 の節点では電源 e を通って 2 に入る電流と電線 2 を通って出ていくのでそれぞれの電流のところに -1 と 1 が入ります．3 の節点では電源 e を通って出ていく電流と抵抗 R_S を通って入ってくる電流なのでそれぞれの電流のところに 1 と -1 が入っています．

次には節点での電位の差が接続行列 (10.33) の転置行列 $\mathbf{A}^T$ で与えられています．

$$
\mathbf{A}^T = \begin{matrix} & \begin{matrix} 1 & 2 & 3 \end{matrix} \\ \begin{matrix} e_1 \\ R_S \\ I_1 \\ I_2 \end{matrix} & \begin{pmatrix} 0 & -1 & 1 \\ 1 & 0 & -1 \\ 1 & 0 & 0 \\ 0 & 1 & 0 \end{pmatrix} \end{matrix} \tag{10.34}
$$

この転置行列はそれぞれの行での電位の差と電流の間の関係を与えています. したがって, インピーダンス行列は次のように書けます. 転置行列 $\mathbf{A}^T$ の最初の行は電源の部分なので電位差と電流の間の関係はないのでゼロが入っています. 次の列は抵抗 R_S が入っているので, 2 列目に R_S が入っています. 3 列目と 4 列目は 1 番目と 2 番目の電線の特性インピーダンスが入ります. 一般には伝送線路では非対角要素も有限の値をもつ行列になります.

$$
\mathbf{Z} = \begin{pmatrix} 0 & 0 & 0 & 0 \\ 0 & R_S & 0 & 0 \\ 0 & 0 & \mathcal{Z}_{11} & \mathcal{Z}_{12} \\ 0 & 0 & \mathcal{Z}_{21} & \mathcal{Z}_{22} \end{pmatrix} \tag{10.35}
$$

それぞれのインピーダンスに対して 1 か 0 が入る行列は次のようになります. 電線のインピーダンスのところはマイナスが入ります.

$$
\boldsymbol{\epsilon} = \begin{pmatrix} 1 & 0 & 0 & 0 \\ 0 & 1 & 0 & 0 \\ 0 & 0 & -1 & 0 \\ 0 & 0 & 0 & -1 \end{pmatrix}, \quad \boldsymbol{\delta} = \begin{pmatrix} 1 & 0 & 0 & 0 \\ 0 & 1 & 0 & 0 \\ 0 & 0 & 1 & 0 \\ 0 & 0 & 0 & 1 \end{pmatrix} \tag{10.36}
$$

さらには電源の部分ですが, 電圧電源が入っており, 電流電源は入っていないので次のようになります.

$$
\mathbf{E}_b^m = \begin{pmatrix} e^m \\ 0 \\ 0 \end{pmatrix}, \quad \mathbf{J}_b^m = \begin{pmatrix} 0 \\ 0 \\ 0 \\ 0 \end{pmatrix} \tag{10.37}
$$

ここで 2 本線の場合だけに使うことができる入力の簡素化を行います. 2 本線の場合には差のモードだけが励起されて, 和のモードは励起されません. 2 本線の特性インピーダンスは 2×2 の行列になりますが, 差のモードの特性インピーダンスは $\mathcal{Z}_0 = \mathcal{Z}_{11} + \mathcal{Z}_{22} - 2\mathcal{Z}_{12}$ となります. したがって, 2 本線の場合だけの簡素化として非対角要素をゼロとして対角要素を $\mathcal{Z}_{11} = \mathcal{Z}_{22} = \mathcal{Z}_0/2$

とすれば，まったく同じ差のモードの特性インピーダンスを得ることができます．そこで，電源側のインピーダンス行列を次のように書くことにします．

$$\mathbf{Z} = \begin{pmatrix} 0 & 0 & 0 & 0 \\ 0 & R_S & 0 & 0 \\ 0 & 0 & \mathcal{Z}_0/2 & 0 \\ 0 & 0 & 0 & \mathcal{Z}_0/2 \end{pmatrix} \tag{10.38}$$

負荷側

負荷側の接続行列などは電源が入っていないことから電源側よりもずっと簡単になります．説明を加えないで書いておきますが，注意してほしいのは電線における電流は電源側では節点から出ていく電流ですが，負荷側では節点に入ってくる電流となり，サインが逆になっていることです．負荷側のインピーダンス行列は簡素化した行列で書いておきます．

$$\mathbf{A} = \begin{matrix} & R_L & I_1 & I_2 \\ 1 \\ 2 \end{matrix}\begin{pmatrix} 1 & -1 & 0 \\ -1 & 0 & -1 \end{pmatrix}, \quad \mathbf{Z} = \begin{pmatrix} R_L & 0 & 0 \\ 0 & \mathcal{Z}_0/2 & 0 \\ 0 & 0 & \mathcal{Z}_0/2 \end{pmatrix},$$

$$\boldsymbol{\epsilon} = \begin{pmatrix} 1 & 0 & 0 \\ 0 & -1 & 0 \\ 0 & 0 & -1 \end{pmatrix}, \quad \boldsymbol{\delta} = \begin{pmatrix} 1 & 0 & 0 \\ 0 & 1 & 0 \\ 0 & 0 & 1 \end{pmatrix},$$

$$\mathbf{E}_b^m = \begin{pmatrix} 0 \\ 0 \end{pmatrix}, \quad \mathbf{J}_b^m = \begin{pmatrix} 0 \\ 0 \\ 0 \end{pmatrix}, \quad \mathbf{U}_0^m = \begin{pmatrix} U_1^m \\ U_2^m \end{pmatrix},$$

$$\mathbf{I}_0^{m+1} = \begin{pmatrix} i_{RL}^{m+1} \\ I_1^{m+1} \\ I_2^{m+1} \end{pmatrix}, \quad \mathbf{I}_0^m = \begin{pmatrix} i_{RL}^m \\ I_{1,N}^m - I_{1,N-1/2}^m \\ I_{2,N}^m - I_{2,N-1/2}^m \end{pmatrix} \tag{10.39}$$

これで数値計算の準備が整いました．あとは実際の数字を Python プログラムに入れて数値計算します．図 10.6 では 2 本線回路の負荷が抵抗の場合に直流の電圧をかけたときの計算結果を示しています．その際の電線の特性インピー

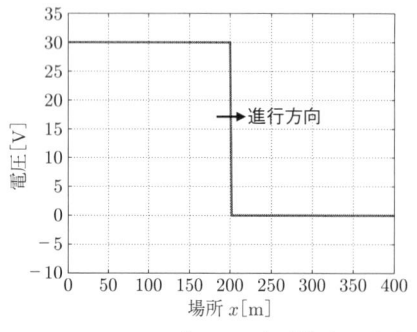

(a) $t = 1.0 \times 10^{-6}$[s] での伝送線路の電圧 $V(x,t)$

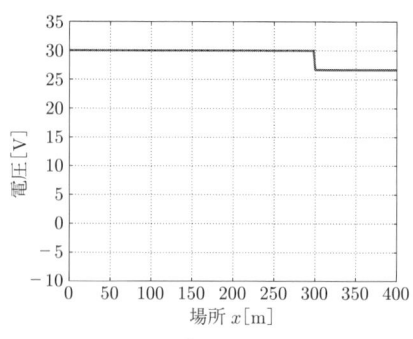

(b) $t = 6.5 \times 10^{-6}$[s] での伝送線路の電圧 $V(x,t)$

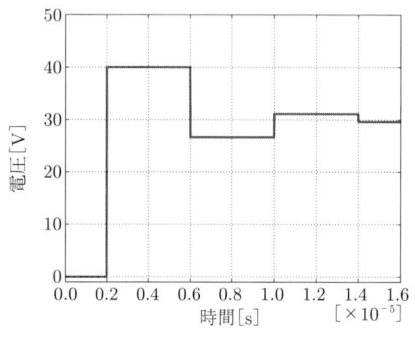

(c) R_L での素子電圧 $v(t)$ の時間変化

図 10.6　図 10.5 の数値計算結果の一例. $e(t) = 30.0\ (t > 0)$[V], $R_S = 0.0$[Ω], $Z_0 = 50$[Ω], $T_D = 1.0 \times 10^{-6}$[s], $\ell = 400$[m], $R_L = 100$[Ω].

ダンス，さらには電圧のパラメータは図の説明に書いてある値を使います．この結果は文献 [1] の 350 ページにある場合と同じ結果になっています．直流を時間 0 で伝送線路に投入した場合の電圧が図 10.6 にプロットされています．図 (a) では時間が 1×10^{-6}[s] 後の電線内での電圧であり，30[V] の電圧が左端から 200[m] のところまでかかっています．図 (b) では時間が 6.5×10^{-6}[s] 後では電圧が変化しつつ電圧が有限になり場所の関数になっています．これは何回も電圧信号が両端で反射されることから生じます．実際に，右端での電圧をプロットすれば時間とともに電圧が変化している様子がわかります．電圧は反射されるたびに変化しますが，最終的には電源電圧である 30[V] となります．この例では負荷が $R_L = 100$[Ω] であり，特性インピーダンスは $Z_0 = 50$[Ω] なので，負荷側のインピーダンスのマッチングがとれていないので，電気信号が負

荷側で反射することにより起こります．この現象をリンギング現象とよびます．インピーダンスマッチングがとれていれば，電圧はずっと同じ値である 30[V] をすべての場所でもつことになります．

問 10.2　本文の場合と同じパラメータで，本書のウェブサイトにある Python のプログラムを実行してください．本文中の計算結果が再現されることを確かめてください．次に抵抗が $R_L = 20\Omega$ のときの負荷のあるところでの電圧を計算してください．さらには，二つの電線をつながない場合の右端での電圧を時間の関数でプロットしてください．この例題での計算結果と本文での結果とを照らし合せて考察してください．

負荷がキャパシタの場合

負荷がキャパシタの場合を議論します．上では負荷に抵抗 R_L を使いましたが，図 10.7 にあるようにキャパシタ C_L に置き換えています．

電源側

電源側の接続方程式はまったく同じなので，抵抗の場合を参照してください．

負荷側

負荷側の接続行列などは上で扱った抵抗の場合とインピーダンス行列を除いてはまったく一致しますが，抵抗の代わりにキャパシタが入ります．抵抗の場合には R_L が入っていましたが，そこに $\Delta t/(2C_L)$ が入っています．さらにはキャパシタであることを表現するために ϵ 行列と δ 行列が少し変更されていま

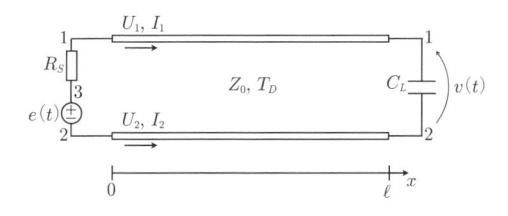

図 10.7　伝送線の数値計算例．伝送線の左側には電圧源 $e(t)$ 側には出力抵抗 R_S を接続しており，右側にはキャパシタ C_L を接続しています．

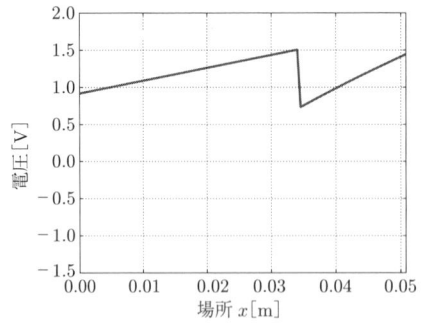

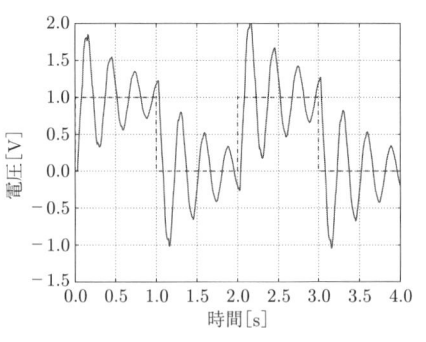

(a) $t = 1.0 \times 10^{-9}$[s] での伝送線路の電圧 $V(x,t)$

(b) C_L での素子電圧 $v(t)$ の時間変化

図 10.8 図 10.7 の数値計算結果. $e(t)$ は 5[GHz] の矩形波, $R_S = 10[\Omega]$, $Z_0 = 124[\Omega]$, $T_D = 0.3 \times 10^{-9}$[s], $\ell = 2.0$[inch] $= 5.08$[cm], $C_L = 5.0 \times 10^{-12}$[F].

す. 他は同じなので, インピーダンス行列の部分だけを書いておきます.

$$\mathbf{Z} = \begin{pmatrix} \Delta t/(2C_L) & 0 & 0 \\ 0 & Z_0/2 & 0 \\ 0 & 0 & Z_0/2 \end{pmatrix}, \ \boldsymbol{\epsilon} = \begin{pmatrix} -1 & 0 & 0 \\ 0 & -1 & 0 \\ 0 & 0 & -1 \end{pmatrix}, \ \boldsymbol{\delta} = \begin{pmatrix} 1 & 0 & 0 \\ 0 & 1 & 0 \\ 0 & 0 & 1 \end{pmatrix} \quad (10.40)$$

計算結果は図 10.8 に示してあります. 電源や電線のパラメータは文献 [1] の 397 ページの場合と同じ結果です. 図 10.8 の説明にある場合での計算結果として, (a) では時間が $t = 1.0 \times 10^{-9}$[s] での電線での電圧分布がプロットされています. 両端で反射を繰り返しながら, 電圧が変化する様子を見ることができます. (b) ではキャパシタ (負荷側) での電圧の時間変化がプロットされています. 矩形波がキャパシタに入ってきて充電されていく様子が示されています. このように電圧が変化するのは, 伝送線では電気信号が両端を往復するのに $2T_D$ の時間を要することが原因です. 電気回路に電源を投入したときに電気信号が過渡的に変化するのはこのような原因で引き起こされます.

問 10.3 本文の場合と同じパラメータで, 本書のウェブサイトにある Python のプログラムを実行してください. 本文中の計算結果が再現されることを確かめてください. 次に電気容量が $C_L = 1\mu$[F] のときの負荷側での電圧を計算してください. この例題での計算結果と本文での結果とを照らし合せて考察して

ください.

負荷がインダクタの場合

図 10.9 にあるように単純な回路の右端にインダクタを挿入します.電源側は抵抗の場合と一致させておくことで,負荷側の接続行列などを書いておきます.

負荷側

負荷側の接続行列は抵抗の場合ともキャパシタの場合とも少し変わります.インピーダンス行列では抵抗の際には R_L と入っていたところが $2L_L/\Delta t$ となります.さらには ϵ と δ 行列も少し変更されます.これらのすべての行列を書いておきます.

$$
\mathbf{Z} = \begin{pmatrix} 2L_L/\Delta t & 0 & 0 \\ 0 & Z_0/2 & 0 \\ 0 & 0 & Z_0/2 \end{pmatrix}, \ \epsilon = \begin{pmatrix} 1 & 0 & 0 \\ 0 & -1 & 0 \\ 0 & 0 & -1 \end{pmatrix}, \ \delta = \begin{pmatrix} -1 & 0 & 0 \\ 0 & 1 & 0 \\ 0 & 0 & 1 \end{pmatrix}
$$

$$(10.41)$$

図 10.10 にその説明文にあるパラメータを使った計算結果が示されています.インダクタ(負荷側)での電圧の時間変化がプロットされています.ただし,矩形波が負荷側に達した時間を横軸の原点にとっています.矩形波がインダクタに入ってきて電圧がインダクタの働きで微分的に変化していく様子が示されています.このように電圧が変化するのは,伝送線では電気信号が両端を往復するのにある程度の時間 T_D を要することが原因です.電気回路に電源を投入したときに電気信号が過渡的に変化するのはこのような現象で引き起こされます.

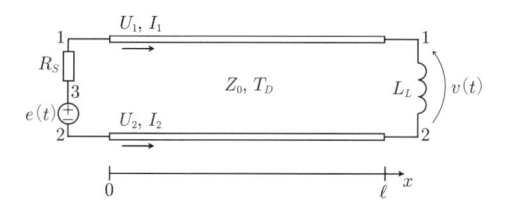

図 10.9 伝送線の数値計算例.伝送線の左側には電圧源 $e(t)$ と出力抵抗 R_S を接続しており,右側にはインダクタ L_L を接続しています.

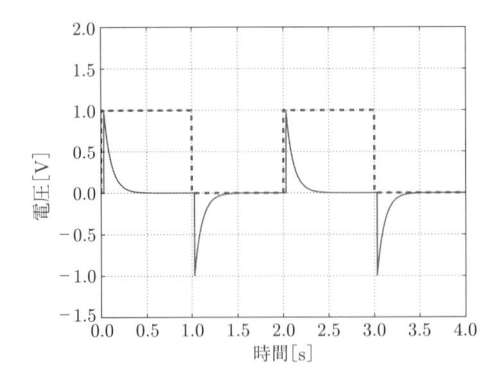

図 10.10 図 10.9 の数値計算結果の一例（L_L での素子電圧 $v(t)$ の時間変化）．$e(t)$ は 5[GHz] の矩形波，$R_S = 124[\Omega]$, $Z_0 = 124[\Omega]$, $T_D = 0.3 \times 10^{-9}[\mathrm{s}]$, $\ell = 2.0[\mathrm{inch}] = 5.08[\mathrm{cm}]$, $L_L = 1.0 \times 10^{-7}[\mathrm{F}]$.

問 10.4　本文の場合と同じパラメータで，本書のウェブサイトにある Python のプログラムを実行してください．本文中の計算結果が再現されることを確かめてください．次にインダクタが $L_L = 1[\mu\mathrm{H}]$ のときの負荷のあるところでの電圧を計算してください．この例題での計算結果と本文での結果とを照らし合せて考察してください．

RC 並列回路

　ここまでは 2 本線回路の左端に電源をつけ，右端に抵抗，キャパシタ，インダクタを単独に採用した場合の電気信号のふるまいを議論しました．通常の電気回路では回路にノイズ信号が混入することを経験します．右端で抵抗と電線の特性インピーダンスの整合をとっても浮遊容量でノイズが生じるという議論がよくなされます．ここでは，そのような例を考察することにします．図 10.11 の回路では右端に抵抗とキャパシタが並列に配置されています．電線との整合をとるために抵抗の値を $R_L = Z_0$ にとることにします．電源側はこれまでと同じなので，接続行列などは書かないことにします．

負荷側

　負荷側では抵抗 R_L とキャパシタ C_L が並列に配置されています．この場合

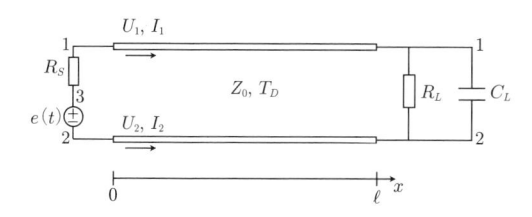

図 **10.11** 2本線回路の負荷側に電線の特性インピーダンスと等しい大きさの抵抗を入れ，さらに浮遊容量を意図してキャパシタを平行に入れています．

には抵抗を流れる電流 i_{R_L} とキャパシタを流れる電流 i_{C_L} が時間とともに変動します．接続行列はそのことを反映して 2×4 の行列になります．それに応じてインピーダンス行列も R_L と $2C_L/\Delta t$ が入ります．接続行列も含めてすべての計算に必要な行列を書いておきます．

$$\mathbf{A} = \begin{array}{c} \\ 1 \\ 2 \end{array}\begin{array}{cccc} R_L & C_L & I_1 & I_2 \\ \begin{pmatrix} 1 & 1 & -1 & 0 \\ -1 & -1 & 0 & -1 \end{pmatrix} \end{array}, \quad \mathbf{Z} = \begin{pmatrix} R_L & 0 & 0 & 0 \\ 0 & 2C_L/\Delta t & 0 & 0 \\ 0 & 0 & Z_0/2 & 0 \\ 0 & 0 & 0 & Z_0/2 \end{pmatrix},$$

$$\boldsymbol{\epsilon} = \begin{pmatrix} 1 & 0 & 0 & 0 \\ 0 & -1 & 0 & 0 \\ 0 & 0 & -1 & 0 \\ 0 & 0 & 0 & -1 \end{pmatrix}, \quad \boldsymbol{\delta} = \begin{pmatrix} 1 & 0 & 0 & 0 \\ 0 & 1 & 0 & 0 \\ 0 & 0 & 1 & 0 \\ 0 & 0 & 0 & 1 \end{pmatrix},$$

$$\mathbf{E}_b^m = \begin{pmatrix} 0 \\ 0 \end{pmatrix}, \quad \mathbf{J}_b^m = \begin{pmatrix} 0 \\ 0 \\ 0 \\ 0 \end{pmatrix}, \quad \mathbf{U}_0^m = \begin{pmatrix} U_1^m \\ U_2^m \end{pmatrix},$$

$$\mathbf{I}_0^{m+1} = \begin{pmatrix} i_{RL}^{m+1} \\ i_{CL}^{m+1} \\ I_1^{m+1} \\ I_2^{m+1} \end{pmatrix}, \quad \mathbf{I}_0^m = \begin{pmatrix} i_{RL}^m \\ i_{CL}^m \\ I_{1,N}^m - 2I_{1,N-1/2}^m \\ I_{2,N}^m - 2I_{2,N-1/2}^m \end{pmatrix} \tag{10.42}$$

図 10.12 は図 10.11 の回路の計算結果の一例です．C_L は R_L の両端に生じる実際の浮遊キャパシタを想定しています．電源側でも負荷側でも $R_S = Z_0 = R_L$

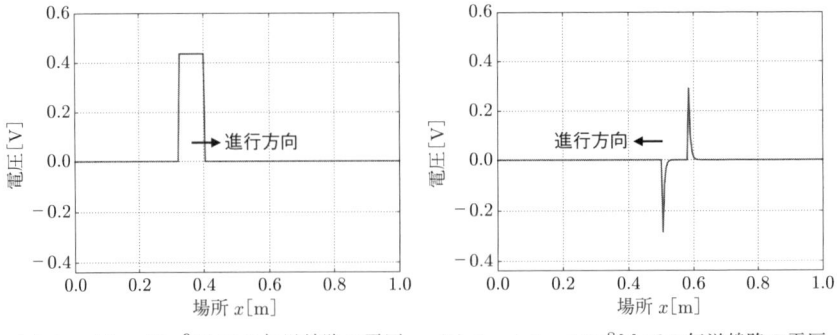

(a) $t = 4.0 \times 10^{-9}$[s] での伝送線路の電圧 $V(x, t)$

(b) $t = 1.5 \times 10^{-8}$[s] での伝送線路の電圧 $V(x, t)$

図 10.12 図 10.11 の数値計算結果の一例. $e(t) = 1.0$[V] $(0 < t < 4.0 \times 10^{-10}$[s]$)$, $R_S = 100$[Ω], $Z_0 = 100$[Ω], $T_D = 1.0 \times 10^{-8}$[s], $\ell = 1.0$[m], $C_L = 1.0 \times 10^{-12}$[F].

でインピーダンスマッチング (整合) するように抵抗値を決めています. (a) では時間が $t = 4.0 \times 10^{-9}$[s] 経過した段階の電源から負荷側に進行している信号の電圧がプロットされています. $V(x, t)$ は出力抵抗 R_S のために出力電圧 (1[V]) の半分になっています. (b) ではさらに時間が経過した $t = 1.5 \times 10^{-8}$[s] での, 右端で反射された信号が電源の方に向かって進行している際に生じる電圧がプロットされています. 抵抗 R_L はインピーダンスマッチングをしても浮遊キャパシタ C_L によって反射波が生じている様子を見ることができます.

問 10.5 本文の場合と同じパラメータで, 本書のウェブサイトにある Python のプログラムを実行してください. 本文中の計算結果が再現されることを確かめてください. 負荷側では抵抗とキャパシタが並列に入っています. キャパシタの値 C_L や抵抗の値を適当に変えて計算してください.

第11章

伝送線路でのコモンモードと電磁ノイズ

通常の2本線回路では予期せぬ電磁ノイズが発生し，設計者を苦しめます．本章では，2本線回路ではなぜ電磁ノイズを扱えないのかの議論をします．そのうえで，必然的に3本線回路を考慮する必要があることを学びます．3本線回路にするとノーマルモードとコモンモードというコンセプトを定量的に表現することが可能になります．このようにして電磁ノイズの効果を取り入れた3本線電気回路理論を展開します．そのうえで回路を対称にするとコモンモードノイズが削減できることを議論します．

11.1　2本線回路での電磁ノイズ：コモンモードの存在

2本線回路の電磁ノイズ

通常の2本線回路では2種類のモードが存在します．電線ごとの電位・電流 U_1, I_1 や U_2, I_2 です．一般にはこれらの電線ごとの物理量を差のモードと和のモードで表現します．前章で示したように TEM 近似で書かれた2本線回路の偏微分方程式では差のモードと和のモードは完全に結合しません．すなわち，2本線の間に電圧をかけて，負荷を2本線の間につなぐ場合には和のモードは励起されません．そのためにこれまでは2本線回路では差のモードだけを議論してきました．ヘビサイドの電信方程式はこの差のモードに対して現象論的につくられたものでした．したがって，これまでの2本線回路理論では単純に回路

内で自らがつくり出す差のモードの電磁ノイズのみの記述が可能でした．この
ノイズを差のモードのノイズやノーマルモードノイズとよびます．

ノーマルモードノイズは理論的にも実験的にも対処しやすいのですが，回路
外の環境を伝わるノイズであるコモンモードノイズは記述することができず，
その理論的な理解は進んでいません．実験的にはこのコモンモードノイズが存
在することはよく知られています．TEM 近似を使う限りは和のモード $I_1 + I_2$
はゼロであり，コモンモードノイズ（和のモードのノイズ）は議論にすら上がっ
てはきませんでした．したがって，コモンモードノイズに対処するのは至難の
業であるとされてきました．マクスウェルの方程式から電気回路を導出すると，
2 本線回路でも電線を伝わっている信号は電磁波であることがわかります．し
たがって，回路が置かれた環境に存在する導体があれば，その導体中の電荷・電
流と相互作用することがわかります．一般には 2 本線回路は地面の近くや室内
という導体を含む環境の中で使われます．このように考えると，2 本線回路は必
ず環境と結合しており，独立では存在できないことになります．すなわち，必
ず環境まで取り込んだ理論を展開する必要があります．そこで，話を簡単にす
るために環境を 3 番目の線が代表していると考えると，コモンモードを定義す
ることが可能になります．したがって，本章では 3 本線回路を取り扱い，ノー
マルモードやコモンモードを正確に定義して，その物理を議論します．

3 本線回路とコモンモード

伝送線路が 3 本ある問題を考える動機はいくつかありますが，基本的には 2
本線回路がアースで環境（大地）とつながっている場合のアースと大地の役割
を定量的に記述することです．その問題を考える直接の成果は，電気回路を悩
ませる電磁ノイズの発生の原因を物理的に理解することと，そのことによって
どのような回路が電磁ノイズを削減できるのかを見出すことです．これまでの
電気回路理論では通常は電磁ノイズは想定されていません．対象としている電
気回路がどのような応答をするかということのみに関心がある理論だといえま
す．しかしこれまでの理論ではノイズの問題を扱えないので，ノイズは単純に
邪魔なものであり，勘と経験から対処することが一般的でした．その意味では，
これまでは対症療法的であり，ある程度電磁ノイズを削減できればそれで，そ

の回路を実際の目的に使うことができるとされていました.

　3本線回路では三つのモードが存在します.電線ごとの電位・電流 U_1, I_1 と U_2, I_2 さらには U_3, I_3 です.これらの三つのモードから2本線回路の場合と同じように差のモードと和のモードをつくっていきます.このようにしてつくられた三つのモードをノーマルモード,コモンモード,アンテナモードとよびます.3本線回路の間に電源や抵抗などの負荷を入れた回路ではアンテナモード（全電流）はゼロであることが証明できるので,3本線回路ではノーマルモードとコモンモードの二つのモードで議論されることになります.

　3本線回路でのノーマルモードとコモンモードは一般には結合しています.特に2本線回路においてアースを大地に落とす回路ではコモンモードは必ず存在することを示すことができます.この様子を図11.1を使って示します.これが一般にいわれているコモンモードノイズになります.前章で述べたようにせっかく差のモードでインピーダンスマッチングがとれている回路でもコモンモード側ではインピーダンスマッチングが一般には考慮されていないので,コモンモードノイズが必ず発生します.

　本章では3本線回路においてノーマルモードとコモンモードを扱うことができる理論式を導出します.そのうえで,3本線回路が非対称の場合には大きなコモンモードノイズが発生していることを数値計算を使って示します.練習問題にも取り上げておきます.3本線回路を対称にするとノーマルモードとコモンモードの結合が切れることを証明します.したがって,3本線対称回路にすると,コモンモードノイズが激減することを示すことができます.

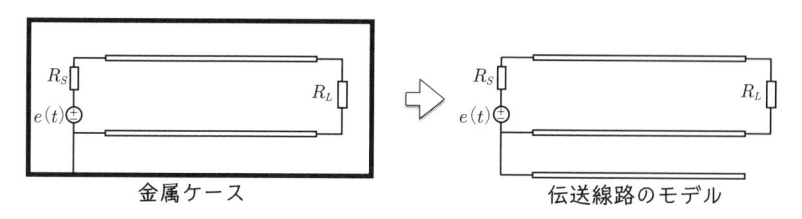

図11.1　2本線回路が室内などの環境に置かれている場合には2本線回路内の信号は左図にあるように環境にある導体と結合し,コモンモードが2本線回路内に流れます.この状況をできるだけ簡単な理論で表現するために右図のように環境の効果を3番目の線として記述します.

11.2　3 本線回路での伝送線路理論：ノーマルモードとコモンモード

3 本線の電気回路

第 3 章では多導体伝送線路理論の一般式が書かれていますが，特別に 3 本線 ($N = 3$) の場合の伝送線路方程式を特性インピーダンスを使って書いておきます．

$$\frac{\partial U_i(x,t)}{c\partial t} = -\sum_{j=1}^{3} \mathcal{Z}_{ij} \frac{\partial I_j(x,t)}{\partial x} \tag{11.1}$$

$$\frac{\partial U_i(x,t)}{\partial x} = -\sum_{j=1}^{3} \mathcal{Z}_{ij} \frac{\partial I_j(x,t)}{c\partial t} - \mathcal{R}_i I_i(x,t) \tag{11.2}$$

ノイズの問題を考える場合には 3 本線の問題を考える必要があるので，特に 3 本線の場合に使われるノーマルモードとコモンモードを定義しておきます．$i = 1, 2, 3$ と三つのモードが存在するので，2 本線の場合のノーマルモードと関連づけるためにノーマルモード，コモンモード，アンテナモードを導入します．まずはノーマルモードは 2 本線の場合の差のモードとして定義します．（2 本線のときには差のモードと和のモードとよびました．差のモードは 3 本線のときにはノーマルモードとよぶことにします．）

$$U_n = U_1 - U_2 \tag{11.3}$$

$$I_n = \frac{1}{2}(I_1 - I_2) \tag{11.4}$$

この定義によって，1 番目と 2 番目の電線は主線（2 本線回路）と定義されます．3 番目の電線はこの主線の電気信号と相互作用する環境の役割をする電線と考えることにします．イメージとしては 3 番目の線はグラウンドがつながっている環境と考えるとわかりやすいと思われます．この状況は図 11.2 に示されています．

コモンモードはこの主線が総体として一つの線としてふるまい，環境線として導入されている 3 番目の電線との間の信号を伝えるモードととらえます．そのために主線の電位 U_{12} と電流 I_{12} を次のように 2 本線の和のモードとして定義します．

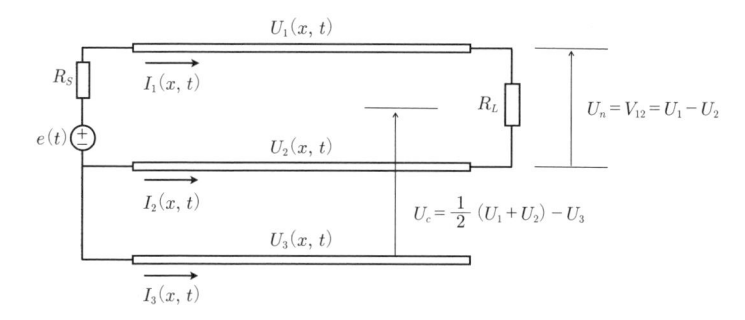

図 11.2 3本線回路では三つの電位 U_i と電流 I_i が変数となります．$i = 1, 2$ を主線として差のモードがノーマルモードとなり，和のモードと3番目の電線との差のモードがコモンモードになります．3本線回路の電源側に電源 e と抵抗 R_S，負荷側に抵抗 R_L がついています．

$$U_{12} = \frac{1}{2}(U_1 + U_2) \tag{11.5}$$

$$I_{12} = I_1 + I_2 \tag{11.6}$$

これらの主線を共通に走る電気信号（和のモード）と3番目の電線の間の差のモードとしてコモンモードが定義されます．

$$U_c = U_{12} - U_3 = \frac{1}{2}(U_1 + U_2) - U_3 \tag{11.7}$$

$$I_c = \frac{1}{2}(I_{12} - I_3) = \frac{1}{2}(I_1 + I_2 - I_3) \tag{11.8}$$

本書では議論しませんが，電気回路系から放出される電磁波を担うモードであるアンテナモードは次のように定義されます．

$$U_a = \frac{1}{2}(U_{12} + U_3) = \frac{1}{2}\left(\frac{1}{2}(U_1 + U_2) + U_3\right) \tag{11.9}$$

$$I_a = I_{12} + I_3 = I_1 + I_2 + I_3 \tag{11.10}$$

本書では電流の総和はゼロであるとしているのでアンテナモードは励起されません．アンテナモードはまさしく電磁波の放出と吸収を表現しますが，本書の範囲を超えると判断しており，別の教科書に譲りたいと思います．

　これらの物理量を使って3本線の伝送線路方程式を書き換えると次のように書けます．なおこの際にアンテナモード電流は総電流となり，これをゼロと置

くことにします. ここから先はノーマルモードとコモンモードのみの伝送線路方程式を書いていきます. この式を導出するのはかなりかかりますが, 問題にしておきます.

$$\frac{\partial U_n(x,t)}{c\partial t} = -\mathcal{Z}_n \frac{\partial I_n(x,t)}{\partial x} - \mathcal{Z}_{nc} \frac{\partial I_c(x,t)}{\partial x}$$

$$\frac{\partial U_c(x,t)}{c\partial t} = -\mathcal{Z}_{cn} \frac{\partial I_n(x,t)}{\partial x} - \mathcal{Z}_c \frac{\partial I_c(x,t)}{\partial x}$$

$$\frac{\partial U_n(x,t)}{\partial x} = -\mathcal{Z}_n \frac{\partial I_n(x,t)}{c\partial t} - \mathcal{Z}_{nc} \frac{\partial I_c(x,t)}{c\partial t}$$
$$\qquad\qquad -\mathcal{R}_n I_n(x,t) - \mathcal{R}_{nc} I_c(x,t) \qquad (11.11)$$

$$\frac{\partial U_c(x,t)}{\partial x} = -\mathcal{Z}_{cn} \frac{\partial I_n(x,t)}{c\partial t} - \mathcal{Z}_c \frac{\partial I_c(x,t)}{c\partial t}$$
$$\qquad\qquad -\mathcal{R}_{cn} I_n(x,t) - \mathcal{R}_c I_c(x,t)$$

ノーマルモードに対する特性インピーダンス $\mathcal{Z}$ はそれぞれの線と線間の特性インピーダンス $\mathcal{Z}_{ij}$ を使って次のように書けます.

$$\mathcal{Z}_n = \mathcal{Z}_{11} + \mathcal{Z}_{22} - 2\mathcal{Z}_{12} \qquad (11.12)$$

$$\mathcal{Z}_c = \frac{1}{4}(\mathcal{Z}_{11} + 2\mathcal{Z}_{12} + \mathcal{Z}_{22}) - (\mathcal{Z}_{13} + \mathcal{Z}_{23}) + \mathcal{Z}_{33} \qquad (11.13)$$

$$\mathcal{Z}_{nc} = \mathcal{Z}_{cn} = \frac{1}{2}(\mathcal{Z}_{11} - \mathcal{Z}_{22}) - (\mathcal{Z}_{13} - \mathcal{Z}_{23}) \qquad (11.14)$$

抵抗に関しては次のように書けます.

$$\mathcal{R}_n = \mathcal{R}_1 + \mathcal{R}_2 \qquad (11.15)$$

$$\mathcal{R}_c = \frac{1}{4}(\mathcal{R}_1 + \mathcal{R}_2) + \mathcal{R}_3 \qquad (11.16)$$

$$\mathcal{R}_{nc} = \mathcal{R}_{cn} = \frac{1}{2}(\mathcal{R}_1 - \mathcal{R}_2) \qquad (11.17)$$

これらの電位係数と誘導係数および抵抗を使って 3 本線の伝送線路理論が完全に定義されます.

問 11.1 ノーマルモード (11.3), (11.4) とコモンモード (11.7), (11.8) の定義式を使って, 3 本線伝送線路理論の方程式 (11.1) からノーマルモードとコモン

モードで書かれた伝送線路理論 (11.11) を導出してください．これらのモード
に対する特性インピーダンスや抵抗は式 (11.12)，(11.13)，(11.14) や (11.15)，
(11.16)，(11.17) と書けることを示してください．

ノーマルモードとコモンモードで書いた3本線電気回路

3本線回路にすることによって，ノーマルモードとコモンモードが結合する
形で書いた伝送線路理論 (11.11) を導くことができました．この伝送線路理論
を見ると一般にはノーマルモードはコモンモードと結合しています．したがっ
て，2本線回路の場合の和のモードは3本線回路で書いたときのコモンモード
であり，必ず環境と結合していることになります．特に，2本線回路からグラ
ウンド線を引き出し，それを環境とつなぐと必ずコモンモードは励起されます．
これがコモンモードノイズです．

ここで重要なのは3本線回路を記述したことで，ノーマルモードとコモンモー
ドを数学的に定義できたことです．さらに，適当な条件を課すことによってこ
れらの二つのモードの結合を解く条件を見つけることができるようになりまし
た．3本線の伝送線路理論の式 (11.11) で $\mathcal{Z}_{nc} = 0, \mathcal{Z}_{cn} = 0, \mathcal{R}_{nc} = 0$ の場合
には二つのモードを分離することができます．ノーマルモードは2本線回路の
場合の差のモードと一致します．

$$
\begin{aligned}
\frac{\partial U_n(x,t)}{c\partial t} &= -\mathcal{Z}_n \frac{\partial I_n(x,t)}{\partial x} \\
\frac{\partial U_n(x,t)}{\partial x} &= -\mathcal{Z}_n \frac{\partial I_n(x,t)}{c\partial t} - \mathcal{R}_n I_n(x,t)
\end{aligned}
\tag{11.18}
$$

さらにはコモンモードも独立に存在することができます．

$$
\begin{aligned}
\frac{\partial U_c(x,t)}{c\partial t} &= -\mathcal{Z}_c \frac{\partial I_c(x,t)}{\partial x} \\
\frac{\partial U_c(x,t)}{\partial x} &= -\mathcal{Z}_c \frac{\partial I_c(x,t)}{c\partial t} - \mathcal{R}_c I_c(x,t)
\end{aligned}
\tag{11.19}
$$

それでは結合を解く条件はどのようなものでしょうか．そのために特性イン
ピーダンスの式を見ると次のように書かれています．

$$\mathcal{Z}_{nc} = \mathcal{Z}_{cn} = \frac{1}{2}(\mathcal{Z}_{11} - \mathcal{Z}_{22}) - (\mathcal{Z}_{13} - \mathcal{Z}_{23}) \tag{11.20}$$

抵抗の方は

$$\mathcal{R}_{nc} = \mathcal{R}_{cn} = \frac{1}{2}(\mathcal{R}_1 - \mathcal{R}_2) \tag{11.21}$$

となっています．したがって，非結合の条件は

$$\begin{aligned}
\mathcal{Z}_{11} &= \mathcal{Z}_{22} \\
\mathcal{Z}_{13} &= \mathcal{Z}_{23} \\
\mathcal{R}_1 &= \mathcal{R}_2
\end{aligned} \tag{11.22}$$

となります．上の二つの条件は二つの主線の形状と性質が等しく，それぞれの線と 3 番目の線の距離が等しくなることです．

　この条件を見る限りでは，2 本線回路では一般にはこの条件を課すことはできず，3 本線回路を基本回路として，3 番目の線を中心線として主線を対称の位置に配置することが必要であることがわかります．

11.3　3 本線回路での非対称回路と対称回路でのコモンモードノイズ

数値計算とコモンモードノイズ

　前節では 3 本線回路の場合のモードとしてノーマルモードとコモンモードを定義しました．本節では，前節で導入された多導体の伝送線路理論に電源や抵抗をつけた電気回路の数値計算の結果を紹介します．そのために必要な差分化された偏微分方程式などは 10.2 節で記述されています．本節では 3 本線非対称回路と 3 本線対称回路での計算結果を書いておきます．

3 本線非対称回路の数値計算

　ここで 3 本線非対称回路の計算結果を図示します．計算方法などは問題の解答としてウェブサイトに詳細があります．図 11.3 にあるように基本的な回路として左側に電源 e と抵抗 R_s を取りつけ，右側に抵抗値 R_L の抵抗が取りつけられています．図に電線の太さや電線間の距離が書かれています．図 11.3 の 3 本線

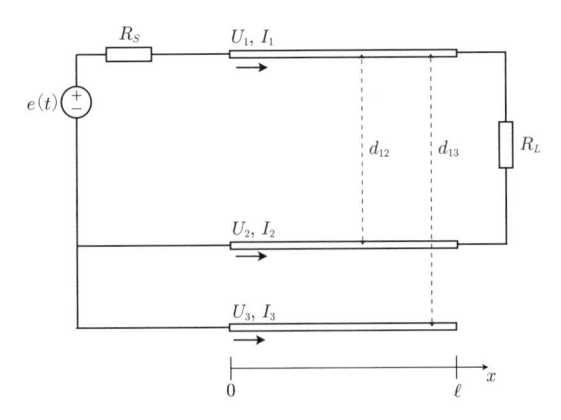

図 11.3 2本線回路がアースで3番目の線に結ばれている場合の電子部品の配置と電圧や負荷の定義です。3本線非対称回路に対応しています。

非対称回路において，図 11.4 の説明にあるような線の長さや線の太さや性質を使って計算した結果を図 11.4 で紹介します。図 (a) では時間が $t = 3.0 \times 10^{-9}$[s] 経過した際の電位差 $U_1 - U_2$ を上図に，電位差 $U_2 - U_3$ を下図に電線の場所の関数でプロットしています。電源から発した矩形波が右方向に通過している様子が上図からわかります。一方で $U_2 - U_3$ は完全にゼロになっています。図 (b) では時間が $t = 9.0 \times 10^{-9}$[s] 経過した際の電位差がプロットされています。線 1 と線 2 の間に差のモードのインピーダンスと整合をとっているので，上図に書かれている $U_1 - U_2$ での戻りの電位差はゼロになっていますが，一方で下図に書かれている $U_2 - U_3$ は有限の電位差になって左方向に信号が伝わっています。図 (c) では時間が $t = 1.5 \times 10^{-8}$[s] 経過した際の電位差がプロットされています。上図では小さいが有限の $U_1 - U_2$ が右側に伝わっています。一方で，下図では左端での反射により，図 (c) の場合と符号が反対の電位差 $U_2 - U_3$ が右側に進行している様子がわかります。3本線非対称回路ではかなり複雑な過程で予期せぬノイズが発生しています。

問 11.2 3本線非対称回路の場合の回路計算を Python を使って実行してください。本書で書かれている場合を確かめたうえで，抵抗などのパラメータを自由に変えてノイズの大きさを確かめてください。

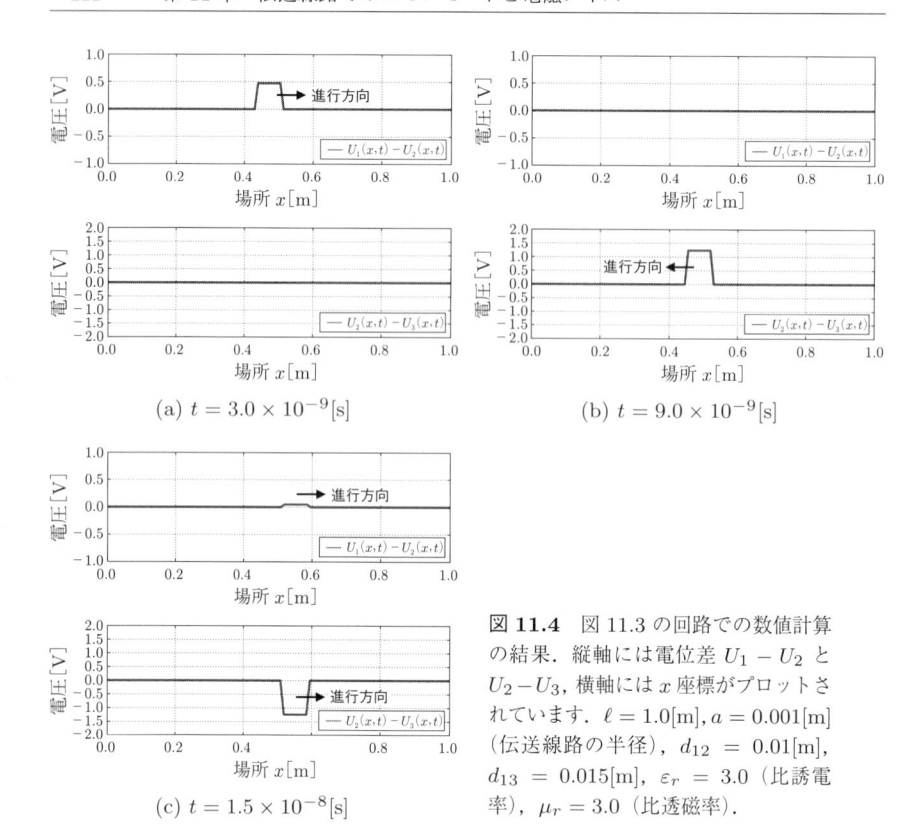

(a) $t = 3.0 \times 10^{-9}[\text{s}]$

(b) $t = 9.0 \times 10^{-9}[\text{s}]$

(c) $t = 1.5 \times 10^{-8}[\text{s}]$

図 11.4　図 11.3 の回路での数値計算の結果．縦軸には電位差 $U_1 - U_2$ と $U_2 - U_3$，横軸には x 座標がプロットされています．$\ell = 1.0[\text{m}], a = 0.001[\text{m}]$（伝送線路の半径），$d_{12} = 0.01[\text{m}]$，$d_{13} = 0.015[\text{m}]$，$\varepsilon_r = 3.0$（比誘電率），$\mu_r = 3.0$（比透磁率）．

3 本線対称回路の場合の計算結果

前節では数式を使って，ノーマルモードとコモンモードの結合が切れる場合の条件を議論しました．その条件は 3 番目の線に対称に線 1 と線 2 を配置することでした．そこで図 11.5 のような配置の 3 本線対称回路の場合を議論します．

図 11.5 の 3 本線対称回路において，図 11.6 の説明にあるような線の長さ，太さ，性質を使って計算した結果を，図 11.6 で紹介します．図 (a) では時間が $t = 3.0 \times 10^{-9}[\text{s}]$ 経過した際の電位差 $U_1 - U_2$ を上図に，電位差 $U_2 - U_3$ を下図に電線の場所の関数でプロットしています．電源から発した矩形波が $U_1 - U_2 = 0.5[\text{V}]$ の大きさで，$U_2 - U_3 = -0.25[\text{V}]$ がその半分の大きさで右

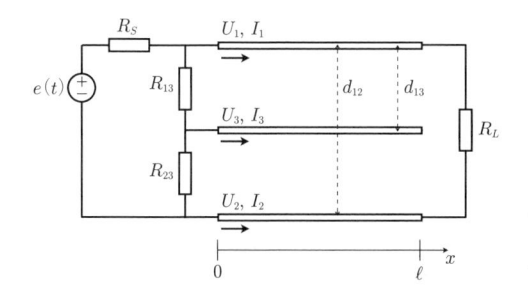

図 11.5　3本目の伝送線路を1本目と2本目の中心に置いた3本線対称回路.

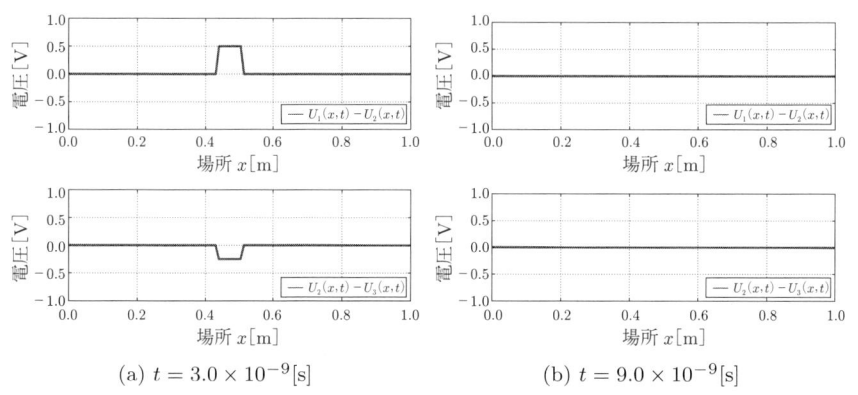

(a) $t = 3.0 \times 10^{-9}$[s]　　　　　(b) $t = 9.0 \times 10^{-9}$[s]

図 11.6　図11.5の回路での数値計算の結果. 縦軸は電位差 $U_1 - U_2$ と $U_2 - U_3$ が横軸に x 座標をとってプロットしています. パラメータ：$\ell = 1.0$[m], $a = 0.001$[m]（伝送線路の半径）, $d_{12} = 0.01$[m], $d_{13} = 0.005$[m], $\varepsilon_r = 3.0$（比誘電率）, $\mu_r = 3.0$（比透磁率）.

方向に通過している様子がわかります. 図 (b) では時間が $t = 9.0 \times 10^{-9}$[s] 経過した際の電位差がプロットされています. 線1と線2の間に差のモードのインピーダンスと整合をとっているので, 上図に書かれている $U_1 - U_2$ での戻りの電位差はゼロになっています. さらには対称回路になっているので, $U_2 - U_3$ も完全にゼロになっています. この場合には3本線対称回路にすることで思い通りの回路が実現されています.

　図 11.7 では非対称回路（図 11.3）と非対称回路（図 11.5）のシグナルの比較を行います. 図 (a) では非対称回路の場合に負荷のある場所でのノーマルモードの電位差 $U_1 - U_2$ を時間の関数でプロットしています. 一番最初の信号は電源から負荷に到達した際の電位差ですが, その後では一定の間隔で約1%のノ

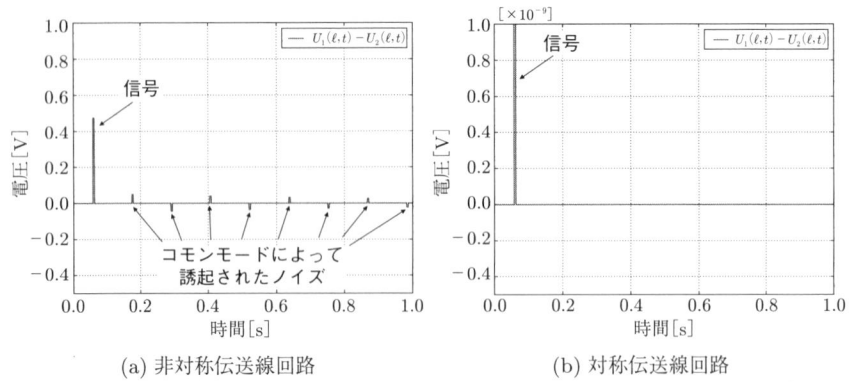

(a) 非対称伝送線回路　　　　　(b) 対称伝送線回路

図 11.7　(a) 非対称および (b) 対称回路の $x = \ell$ におけるノーマルモード電圧の時間変化 $U_1(\ell, t) - U_2(\ell, t)$. (a) と (b) の縦軸のスケールの違いに注意してください.

イズシグナルが観測されます. 一方で, 図 (b) では対称回路になっていることで, 一番最初の信号のみが見えていて, それから後は完全にゼロになっています. 3 本線対称回路にすることでノイズが完全に消えることを示しています.

問 11.3　3 本線対称回路の場合の回路計算を Python を使って実行してください. また, 負荷の値を変化させて, 右端での電位差を求めてください.

参 考 文 献

[1] C. R. Paul：*Analysis of Multiconductor Transmission Lines.* John Wiley & Sons, 2008.

[2] 奥村浩士：電気回路理論. 朝倉書店, 2011.

[3] 熊谷信昭：電磁理論. コロナ社, 1990.

[4] 小澤孝夫：電気回路 I ──基礎・交流編. 朝倉書店, 2004.

[5] 小澤孝夫：電気回路 II ──過渡現象・伝送回路編. 朝倉書店, 2004.

[6] 篠田庄司：回路論入門（1）. コロナ社, 1996.

[7] 竹山説三：電磁気学現象理論. 丸善出版, 1944.

[8] 白川功, 篠田庄司：回路理論の基礎. コロナ社, 1997.

索　引

著者略歴

阿部　真之（あべ・まさゆき）
大阪大学大学院基礎工学研究科教授．1999 年大阪大学大学院
工学研究科博士後期課程修了，博士（工学）．1998 年日本学
術振興会特別研究員，1999 年株式会社東芝，2003 年大阪大学
助教授（准教授），2005 年科学技術振興機構さきがけ研究員
（兼任），2012 年名古屋大学准教授を経て，2014 年より現職．
2009 年ファインマン賞（アジア人初）受賞．専門はアトムテ
クノロジー．

土岐　博（とき・ひろし）
大阪大学名誉教授．1974 年大阪大学大学院理学研究科博士課
程修了，理学博士．1974 年西ドイツユーリッヒ原子核研究所，
1977 年西ドイツレーゲンスブルグ大学，1980 年アメリカミシ
ガン州立大学助教授，1983 年東京都立大学助教授，1995 年大
阪大学核物理研究センター教授，2005 年核物理研究センター
長（6 年間），2010 年退職．2000 年フンボルト研究賞受賞．
専門は原子核理論．

電気回路と伝送線路の基礎

平成 29 年 10 月 30 日　　発　行

著作者　　阿　部　真　之
　　　　　土　岐　　　博

発行者　　池　田　和　博

発行所　　丸善出版株式会社

〒101-0051　東京都千代田区神田神保町二丁目17番
編集：電話 (03) 3512-3261／FAX (03) 3512-3272
営業：電話 (03) 3512-3256／FAX (03) 3512-3270
http://pub.maruzen.co.jp/

組版印刷・製本／三美印刷株式会社

ISBN 978-4-621-30206-4　C 3054　　　　　Printed in Japan